mathematiX 1

Lösungen

VERITAS
Gemeinsam besser lernen

Inhalt

Lösungen Schulbuch

Natürliche Zahlen 1

1 Auch wenn der Sommer schon vorbei ist: Ein Eisbecher ist immer fein!

2 a)

Vorgänger	Zahl	Nachfolger
6	7	8
67	68	69

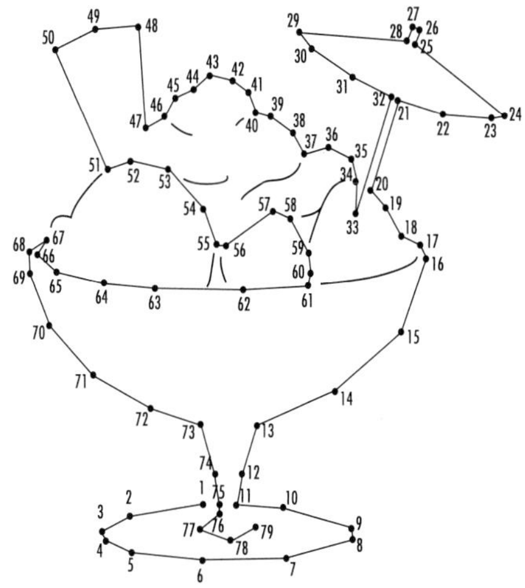

b)

Vorgänger	Zahl	Nachfolger
122	123	124
199	200	201

c)

Vorgänger	Zahl	Nachfolger
244	245	246
776	777	778

d)

Vorgänger	Zahl	Nachfolger
5607	5608	5609
6899	6900	6901

3 a) 23 < 32 b) 88 < 89 c) 203 < 302 d) 4503 > 4305

4 a) 18 < 19< 23 < 56 < 90
b) 0 < 17 < 71 < 89 < 98 < 102
c) 45 < 54 < 405 < 445 < 454 < 504 < 545 < 554
d) 18 < 81 < 108 < 118 < 181 < 801 < 881 < 1008 < 8001

5

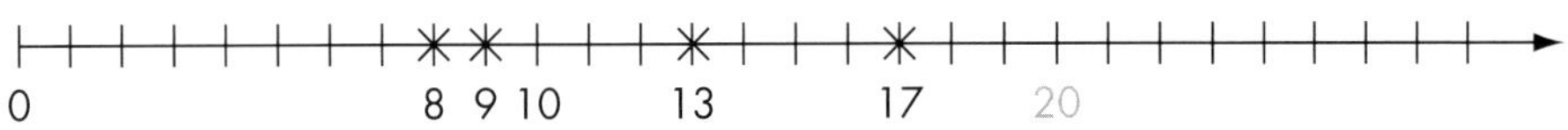

6

a)

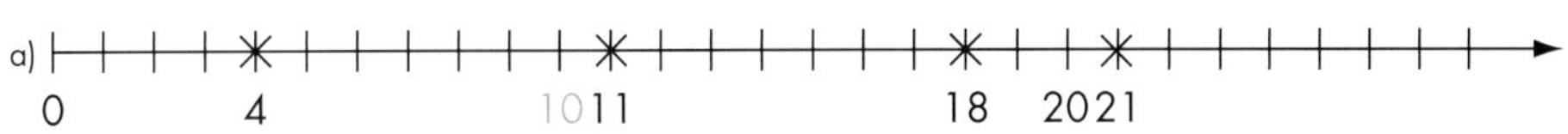

b)

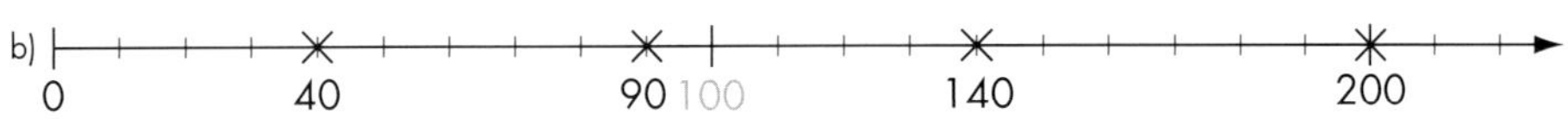

7 Durch Addition kann jede Zahl vergrößert werden, es gibt also zB immer eine um 1 größere Zahl als die gedachte Zahl.
Es gilt: $x < x + 1$

8 a) 6 786 < 6 789 < 6 879 < 7 896 < 7 987 < 8 796 < 9 678
b) 12 345 < 12 354 < 32 451< 43 251 < 45 123 < 45 132 < 53 241
c) 6 007 < 6 070 < 6 700 < 7 006 < 7 060 < 7 600
d) 30 560 < 45 030 < 45 060 < 56 034 < 65 430

9 a) (2 Zahlen/ $1 \cdot 2 = 2$) 56 < 65 b) (6 Zahlen/ $1 \cdot 2 \cdot 3 = 6$) 145 < 154 < 415 < 451 < 514 < 541
c) (24 Zahlen/ $1 \cdot 2 \cdot 3 \cdot 4 = 24$) 2468 < 2486 < 2648 < 2684 < 2846 < 2864 < 4268 < 4286 < 4628 <
4682 < 4826 < 4862 < 6248 < 6284 < 6428 < 6482 < 6824 < 6842 < 8246 < 8264 < 8426 < 8462 < 8624 < 8642

10 Es gibt 27 Zahlen.

gleiche Ziffern:	111, 333, 555
ungleiche Ziffern:	135, 153, 315, 351, 513, 531
2 Einser, 1 Dreier:	113,131, 311
2 Einser, 1 Fünfer:	115,151, 511
1 Einser, 2 Dreier:	133, 313, 331
1 Einser, 2 Fünfer:	155, 515, 551
2 Dreier, 1 Fünfer:	335, 353, 533
1 Dreier, 2 Fünfer:	355, 535, 553

111 < 113 < 115 < 131 < 133 < 135 < 151 < 153 < 155 < 311 < 313 < 315 < 331 < 333 < 335 < 351 < 353 < 355 <
511 < 513 < 515 < 531 < 533 < 535 < 551 < 553 < 555

11 a) 8 Zahlen (46, 47, 48, 49, 50, 51, 52, 53)
b) 6 Zahlen (98, 99, 100, 101, 102, 103)
c) 5 Zahlen (2, 3, 4, 5, 6)
d) 19 Zahlen (81, 82, 83, 84, 85, 86, 87, 88, 89, 90, 91, 92, 93, 94, 95, 96, 97,98, 99)
100 ist bereits dreistellig!

12 a) 40 / 110 / 130 / 210

b)

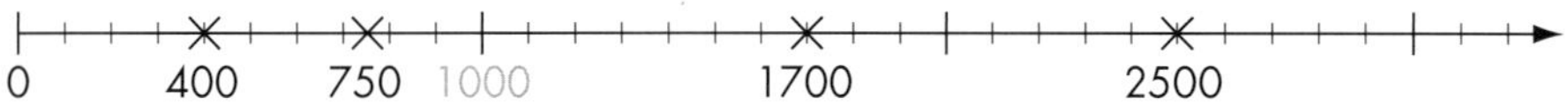

c)

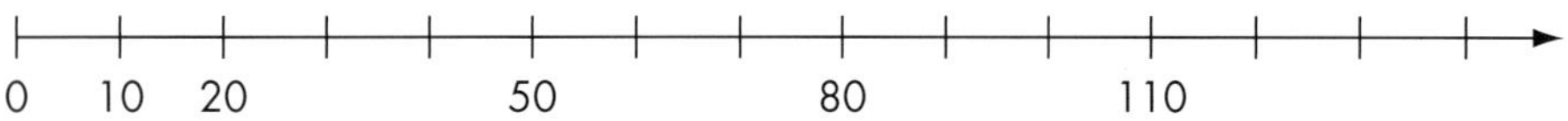

d) Zwischen 3000 und 4000 sind 20 Einheitsstrecken.
Die Einheitsstrecke beträgt somit 50. Gesuchte Zahlen: 2850, 3200, 3700, 4050

13 Hier gibt es viele verschiedene Lösungen.

14 b) 11 Zahlen

15 M (9/8); R(1/1); S (0/5); T (1/9); U (4/5); V (4/2); W(7/7); X (8/3); Y (6/4); Z (8/0)

16

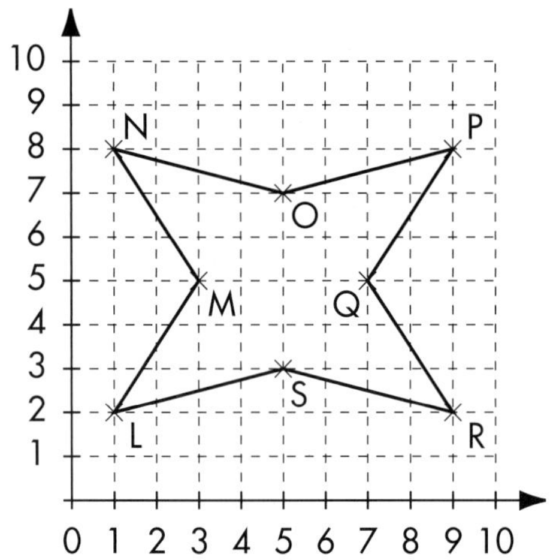

17

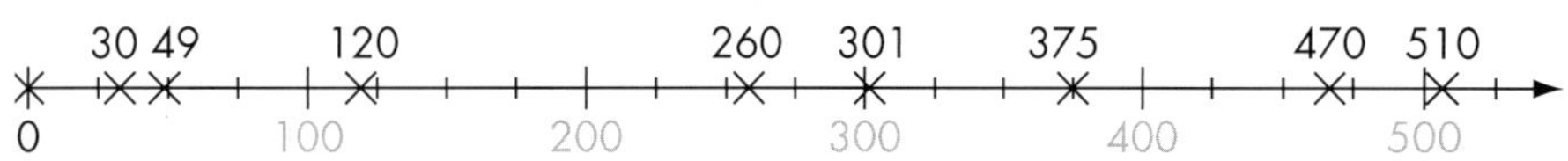

18 a) 25 b) 1 999 c) 718 d) 49

19 a) XXII b) CDXXVII c) DCCCXXXVII d) MDXLVIII

20 Hier gibt es verschiedene Lösungen.
zB: W. A. Mozart hatte am 27. Januar 1756 Geburtstag: XXVII. I . MDCCLVI

21 a) 1893 b) 1816

22 a) 1 205 b) 2 021 c) 215 000

23 e) CCCXLV

24 individuell

25 a) 6 319 b) 15 700 c) 378 903 d) 8 070 000 e) 3 903 100

26 a) vierunddreißigtausendachthundertsiebenundneunzig
b) dreihundertsiebenundvierzig
c) siebenhundertachtundneunzigtausendsechshundertfünfundsiebzig
d) vierunddreißig Millionen neunhundertsiebentausendvier

27 a) 4 H 5 Z 7 E b) 2 T 3 Z c) 7 ZT 8 T 5 H 2 Z d) 3 M 4 HT 2 T 7 H 6 Z 8 E

28 a) 5 302 b) 62 037 c) 803 003 d) 3 809 007

29 a) 5 050 505 050 b) 20 202 020 202 c) 8 765 432 d) 7 000 000 000 007

30 a) 13 Z = 1 H 3 Z b) 234 H = 2 ZT 3 T 4 H
c) 209 E = 2 H 9 E d) 1345 ZT = 1 ZM 3 M 4 HT 5 ZT

31 a) 345 768 987
dreihundertfünfundvierzig Millionen siebenhundertachtundsechzigtausendneunhundertsiebenundachtzig
b) 7 582 452
sieben Millionen fünfhundertzweiundachtzigtausendvierhundertzweiundfünfzig
c) 64 530 055 674
vierundsechzig Milliarden fünfhundertdreißig Millionen fünfundfünfzigtausendsechshundertvierundsiebzig
d) 4 545 454 545
vier Milliarden fünfhundertfünfundvierzig Millionen vierhundertvierundfünfzigtausendfünfhundertfünfundvierzig

32 a) 2 480 > 2 418   b) 53 002 > 5 032   c) 14 190 102 > 14 019 102
d) 5 000 820 000 > 5 000 000 820

33 c) d)

34 a) 20; 190; 45 680; 387 910   b) 800; 700; 450 900; 239 700
c) 2 000; 13 000; 235 000; 460 000   d) 300 000; 1 000 000; 1 800 000; 12 300 000

35 a) 700 000; 734 000; 734 410   b) 40 000; 35 700; 35 700
c) 4 000 000; 4 200 000; 4 182 000   d) 817 820; 818 000; 820 000

36 a) 2 993 m ≈ 3 000 m   b) 3 106 m ≈ 3 100 m
c) 3 312 m ≈ 3 300 m   d) 2 007 m ≈ 2 000 m

37 a) sinnvoll 530 €   b) nicht sinnvoll, denn jede Ziffer entscheidend
c) nicht sinnvoll   d) sinnvoll 4 000 kg

38 individuell

39 individuell

40 Sinnvoll ist Wolfgangs Aussage: eine Postleitzahl ist einem bestimmten Ort zugeordnet, gerundet ergibt sie keinen Sinn.

41 a) 18 000 921 000 000   b) 702 000 048 000
c) 13 000 000 408 218 019   d) 70 028 000 000 000 000 014

42 a) ZT   b) E   c) Md   d) H, HT

43 a) vierunddreißig Billionen siebenhundertsechsundachtzig Milliarden sechshundertachtundsiebzig Millionen neunhundertdreiundsiebzigtausend
b) achtundzwanzig Billiarden achthundertneunundneunzig Billionen neunhundertneunundneunzig Milliarden zwei Millionen viertausendsiebenhundert
c) neun Trilliarden
d) eine Billiarde zwei Billionen drei Milliarden vier Millionen fünftausendsechs

44 a) 340 057 080 700   b) 6 000 000 200 040   c) 300 006 703 670   d) 75 060 702 500

45 a) 234 T = 2 340 H   b) 50 Z = 5 H   c) 340 000 Md = 340 B   d) 90 000 T = 90 M

46 a) 4 HM 5 ZM 7 M 1 HT   b) 1 Md 2 HM 3 ZM 4 M   c) 2 HMd 4 ZM   d) 1 Md 1 ZM 1 HT 1 T

47 a) 18 000 000 Watt   b) 13 000 000 Gigabyte   c) 1 000 kg   d) 100 Exameter

48 a) 22 000 000; zweiundzwanzig Millionen   b) 6 000 000 000; sechs Milliarden
c) 870 000 000; achthundertsiebzig Millionen   d) 984 200; neunhundertvierundachtzigtausendzweihundert

49 Thomas' Computer verfügt über eine höhere Speicherkapazität, denn 600 000 Megabyte = 600 Gigabyte

50 a) 4 600 070   b) 5 071 000 700   c) 304 070 003   d) 600 507 000 065

51 Es gibt keine größte Zahl. Egal welche Zahl du dir auch denkst (x), es gibt immer eine, die noch größer ist (x+1).
Googol (sprich Gugol) ist eine Eins mit hundert Nullen. Der Begriff Googol stammt von dem amerikanischen Mathematiker Edward Kasner. Sein Neffe hat das Wort erfunden. Die Internetsuchmaschine „Google" leitet ihren Namen davon ab.
Übrigens: Das Kino in Springfield (Die Simpsons) heißt Googolplex.

52 a) 12 Md = 120 000 HT   b) 12 000 M = 120 HM   c) 1 M 3 ZT = 103 000 Z   d) 4 B 7 HMd = 4 700 000 M

53

	Fläche in km² (ZT)	Einwohner (HT)
Österreich	80 000	8 400 000
Schweiz	40 000	7 900 000
Italien	300 000	60 600 000
Ungarn	90 000	10 000 000

Flaggenfolge: Italien, Ungarn, Österreich, Schweiz

54 a) T   b) ZT oder T   c) HT, ZT, T, H oder Z   d) HT

55

	gerundet auf	Z	H	T	ZT
a)	23 987	23 990	24 000	24 000	20 000
b)	367 205	367 210	367 200	367 000	370 000
c)	8 767 215	8 767 220	8 767 200	8 767 000	8 770 000
d)	123 454 321	123 454 320	123 454 300	123 454 000	123 450 000

56 b) 345 500

57 a) MATHEMATIK   b) FRIEDE   c) HORSE (Pferd)   d) MERHABA (türkisch: Guten Tag)

58 Die Sprache ist ein grosses Geheimnis. Wir koennen dadurch Gefuehle und Gedanken lebendig werden lassen und unseren Mitmenschen mitteilen.

59 a) STELLENWERTTAFEL   b) NULL   c) APFELSTRUDEL   d) SONNE

60 DIE KEILSCHRIFT STAMMT VON DEN BABYLONIERN.

61

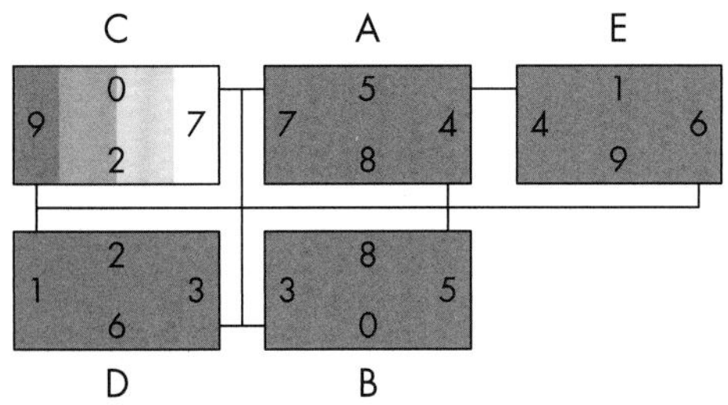

62 a) 18 = 10 010 b) 19 = 10 011 c) 20 = 10 100 d) 21 = 10 101

	Dekadische Zahl	Zerlegung	Zerlegung im Dualsystem	Dualzahl
e)	35	32 + 2 + 1	100 000 + 10 + 1	100 011
f)	99	64 + 32 + 3	1 000 000 + 100 000 + 11	1 100 011
g)	169	128 + 32 + 9	10 000 000 + 100 000 + 1 001	10 101 001
h)	414	356 + 128 + 16 + 8 + 4 + 2	100 000 000 + 10 000 000 + 10 000 + 1 000 + 100 + 10	110 011 110

63 a) 24 b) 33 c) 120 d) 130

64 a) 737 b) 368 863 c) 35 078 d) 504 649

65

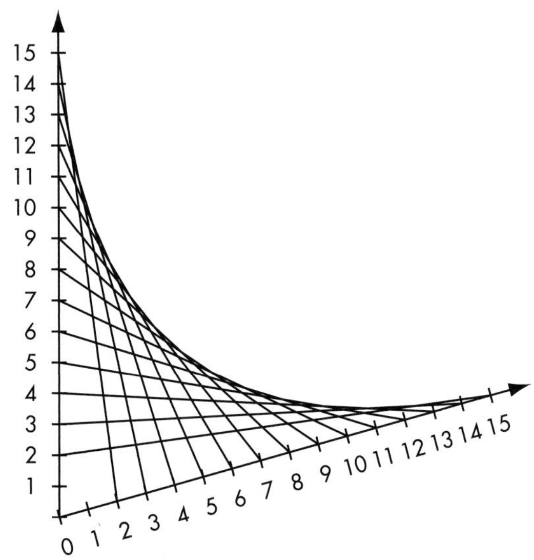

66

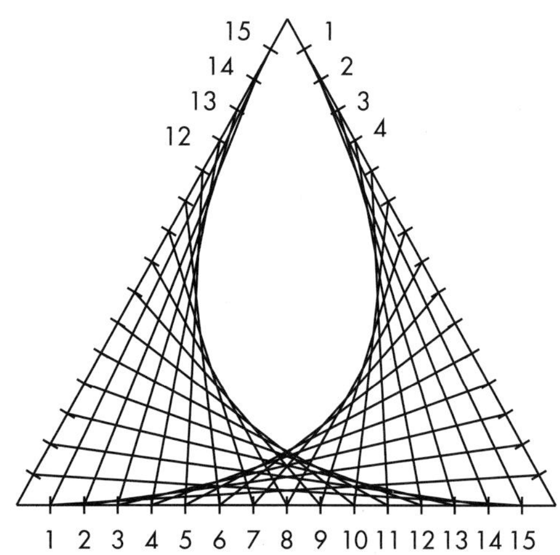

67 Lösungsvorschlag

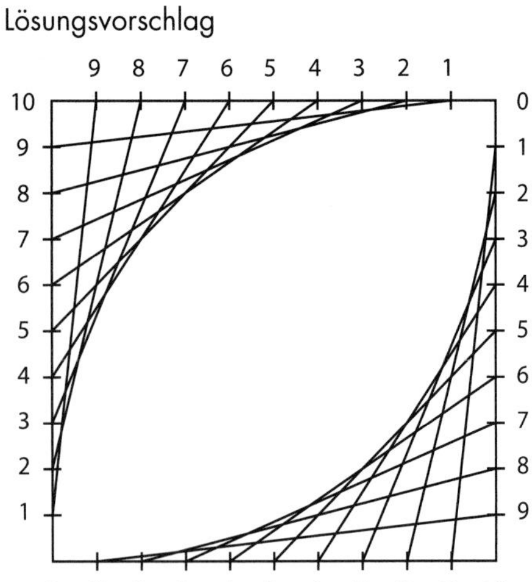

Zeichnungen verkleinert

68 Lösungsvorschlag

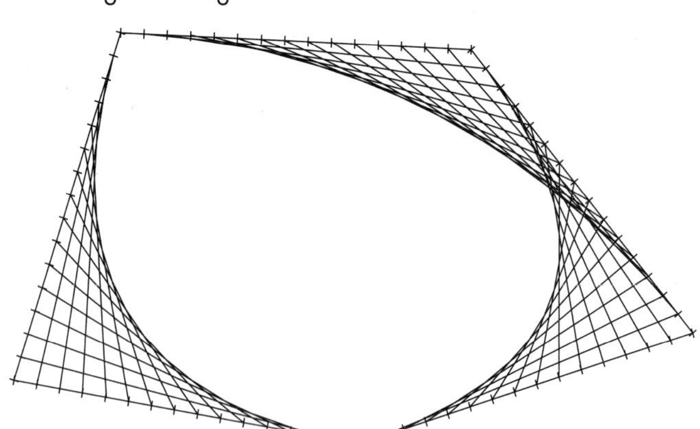

69–74 Lösungen hinten im Schulbuch auf Seite 242.

Diagramme 1

75 Balkenlängen: Bernhard 45 mm, Mirko 41 mm, Angelika 37 mm, Jana 38 mm, Peter 40 mm

76 zB 1 Person entspricht 3 mm.

Mädchen Schwimmer	39 mm
Buben Schwimmer	36 mm
Buben Nichtschwimmer	9 mm

77 a) Eine Stimme entspricht 1 cm: Lucas 5 cm, Sejda 11 cm, Andreas 2 cm, Sarah 7 cm

78 a) zB Anzahl 1 entspricht 1 cm.

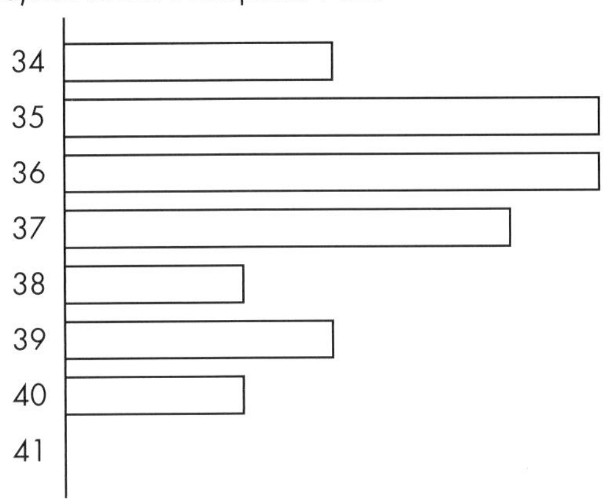

77 b)

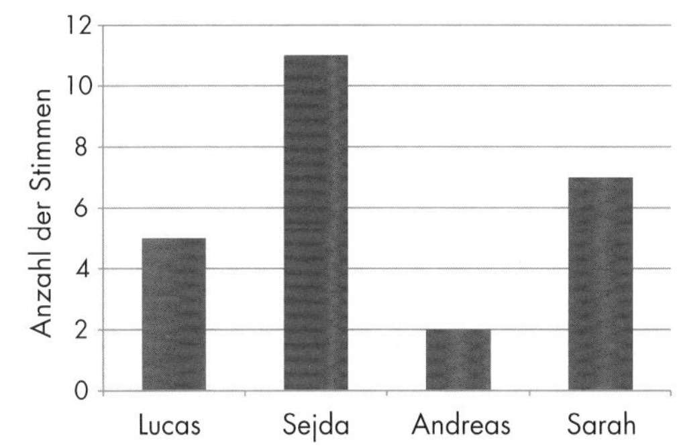

78 b)

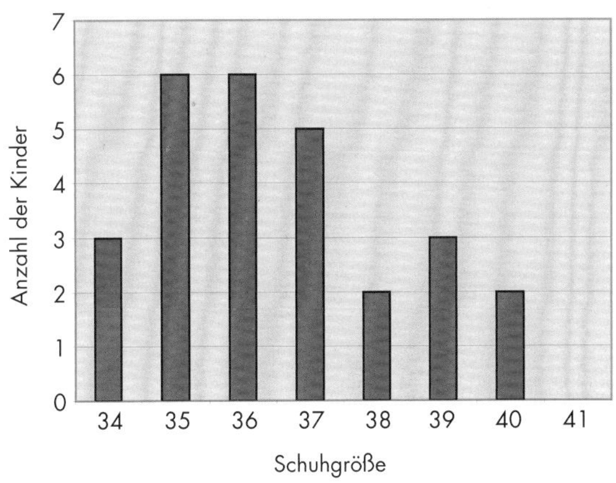

79

Tag	Uhrzeit	Temperatur
1.	6 Uhr	37°
	12 Uhr	38°
	18 Uhr	38°
2.	6 Uhr	39°
	12 Uhr	40°
	18 Uhr	40°
3.	6 Uhr	38°
	12 Uhr	37°
	18 Uhr	37°

80 b) c)

81 1 Medaille entspricht 2 mm.

Deutschland	60 mm	USA	74 mm
Norwegen	46 mm	Kanada	52 mm
China	22 mm	Österreich	32 mm
Schweden	22 mm	Südkora	28 mm

82

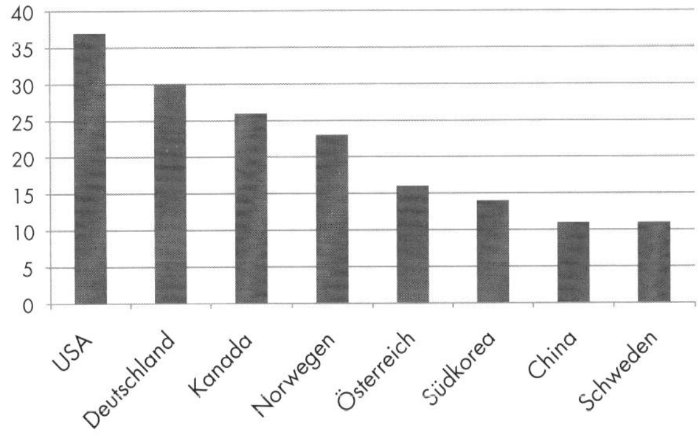

83

Bundesland	Wien	NÖ	OÖ	Steiermark	Tirol	Kärnten	Salzburg	Vorarlberg	Burgenland
Einwohner	1 700 000	1 600 000	1 400 000	1 200 000	700 000	600 000	500 000	400 000	300 000

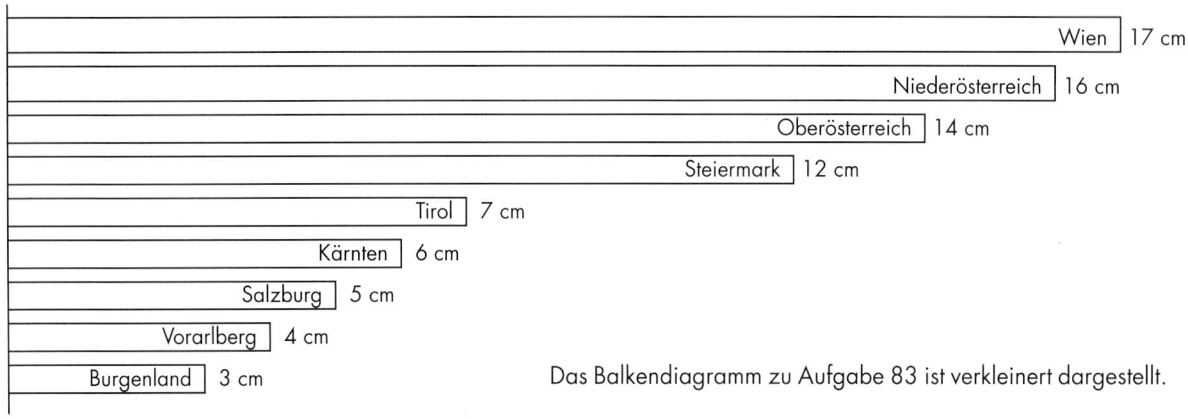

Das Balkendiagramm zu Aufgabe 83 ist verkleinert dargestellt.

84 1 cm entspricht 1 Mio Einwohner (gerundet)

Rom 2,7 cm
London 7,8 cm
Mailand 2,8 cm
Istanbul 8,6 cm
Berlin 3,5 cm
Madrid 3,3 cm
Moskau 11,5 cm
St. Petersburg 4,9 cm

85 Eine Tonne entspricht 2 mm.

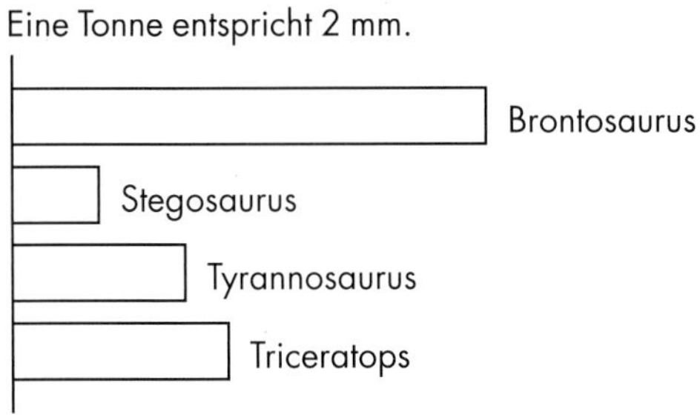

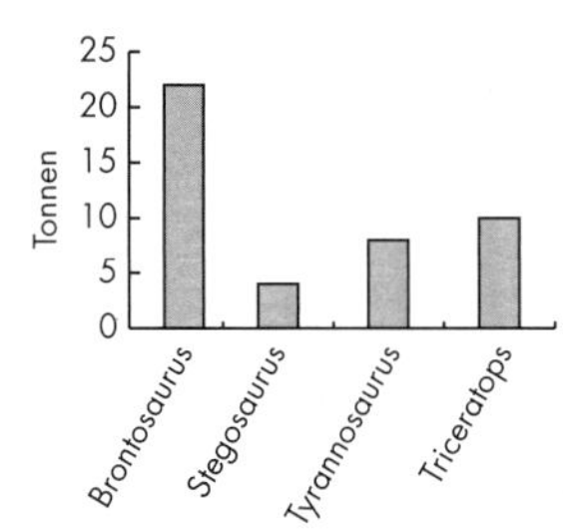

86 individuell

87 Die Bevölkerungszahl hat sich zwischen 2003 und 2004 nicht verändert. Dies ist an der waagrechten Linie abzulesen.

88–91 Lösungen hinten im Schulbuch auf Seite 242.

Zeichnen und Messen

92 Strecken: a, CD; Geraden: b, g(GH); Halbgeraden: c, e(EF), h(KI)

93 a = 28 mm, b= 22 mm, c = 1 cm, d = 57 mm, e = 44 mm

94 individuell

95 Miss die Strecken genau nach und kontrolliere die Beschriftung.

96 Miss die Strecken nach und kontrolliere die Beschriftung von Anfangs- und Endpunkt.

97

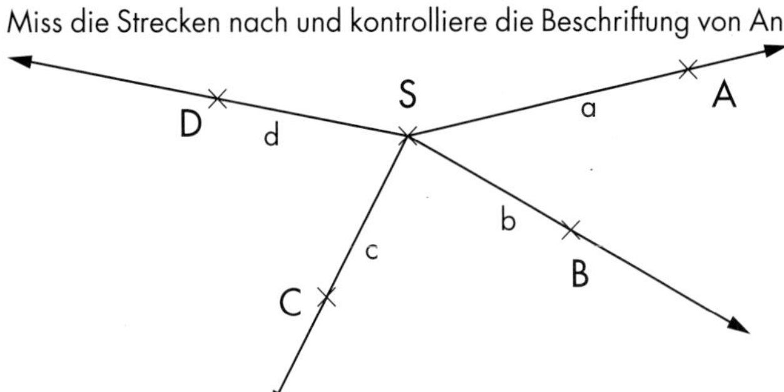

98 mögliche Lösung

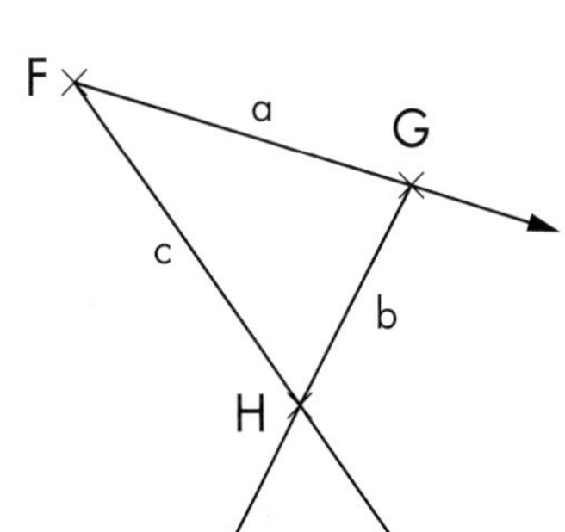

99 mögliche Lösung

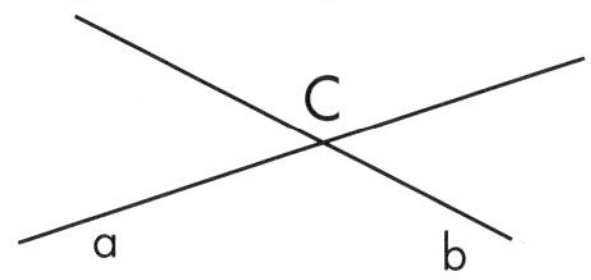

100 mögliche Lösungen

a)

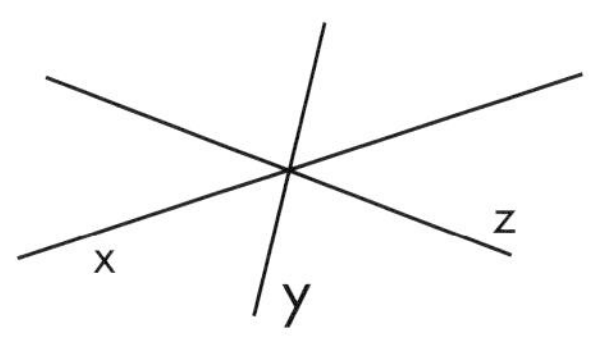

b)

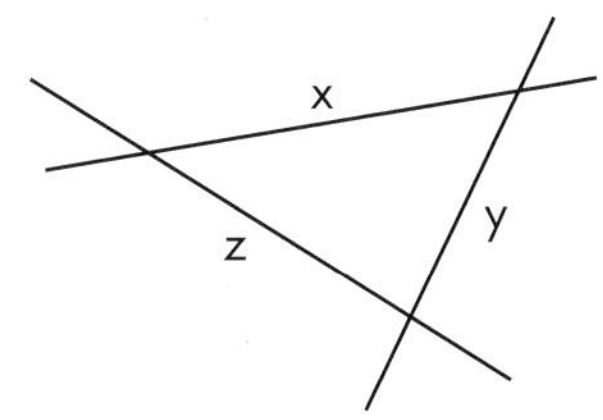

101 Die Aussage ist falsch, da Sebastian im Punkt A die Linie nicht weitergezogen hat. Somit ist dies eine Halbgerade, die im Punkt A beginnt.

102 6 Geraden

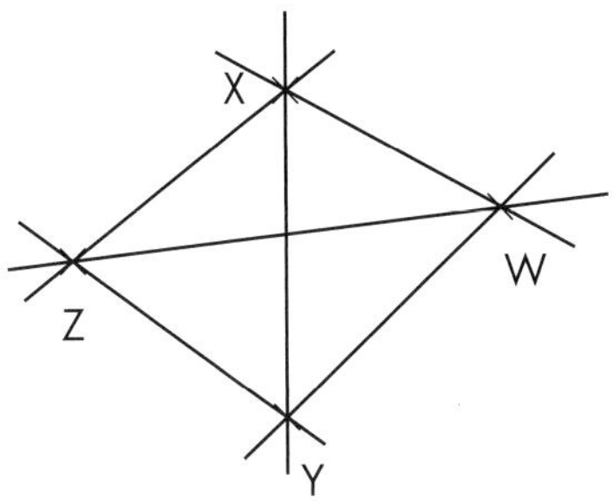

103 mögliche Lösung

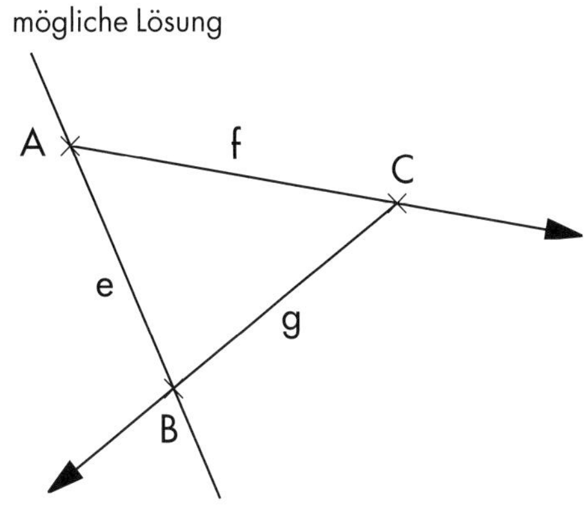

104 a) 6 Strecken b) RS, RT, RU, ST, SU, TU
c) $\overline{RS}$ = 16 mm, $\overline{RT}$ = 47 mm, $\overline{RU}$ = 58 mm, $\overline{ST}$ = 31 mm, $\overline{SU}$ = 42 mm, $\overline{TU}$ = 11 mm

105 Miss die Längen der Strecken zur Kontrolle nochmals nach.

106 Kontrolliere die Längen der Strecken durch Abmessen und achte auch auf die Beschriftung.

107 k = 94 mm, l = 78 mm, m = 73 mm, n = 74 mm

108 3 Schnittpunkte

109 a) 12 Möglichkeiten b) A – E – C – D – B c) BC und DE würden sich kreuzen

110 b) e)

111 Winkeleisen: zB um Bretter im rechten Winkel abzuschneiden
Wasserwaage: zB um Bilder gerade aufzuhängen, Einbauherde gerade einzustellen
Senkblei: zB auf Baustellen, um zu kontrollieren, ob Mauern gerade aufgebaut werden

112 a) 1)

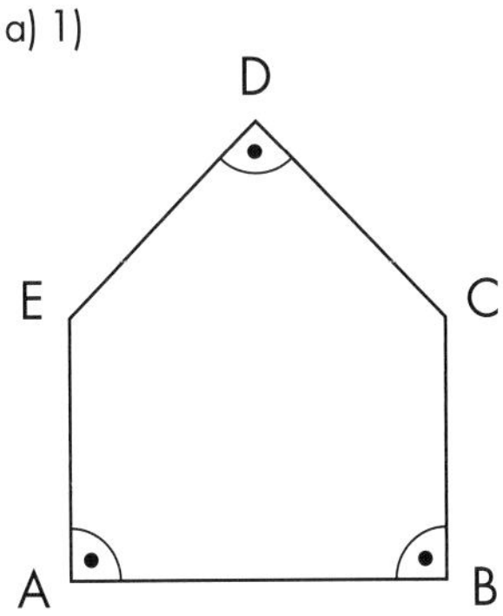

2)

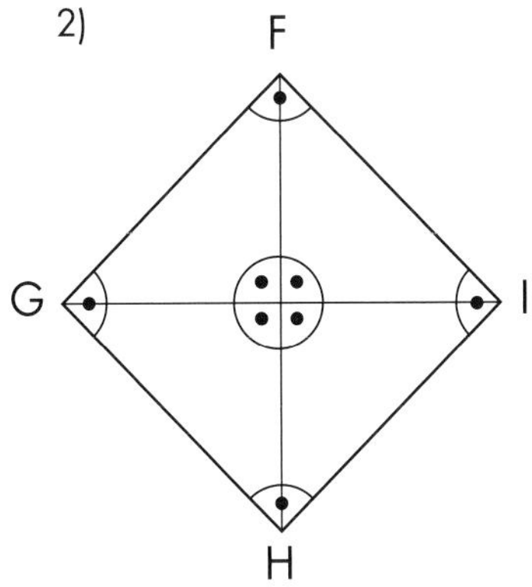

3)

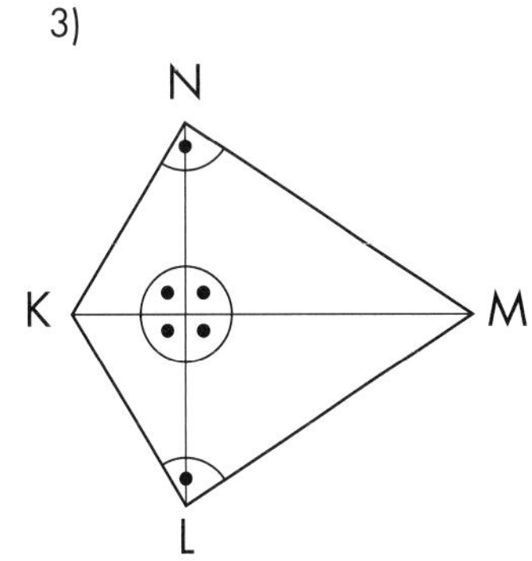

b) 1) AB ⊥ BC, AB ⊥ AE, DE ⊥ CD
2) FG ⊥ GH, GH ⊥ HI, HI ⊥ FI, FG ⊥ FI, FH ⊥ GI
3) KL ⊥ LM, KN ⊥ NM, KM ⊥ LN

113 mögliche Lösung

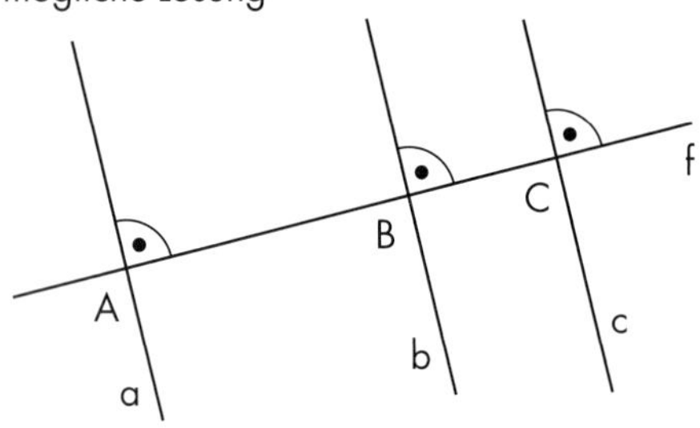

114 a) b) c)

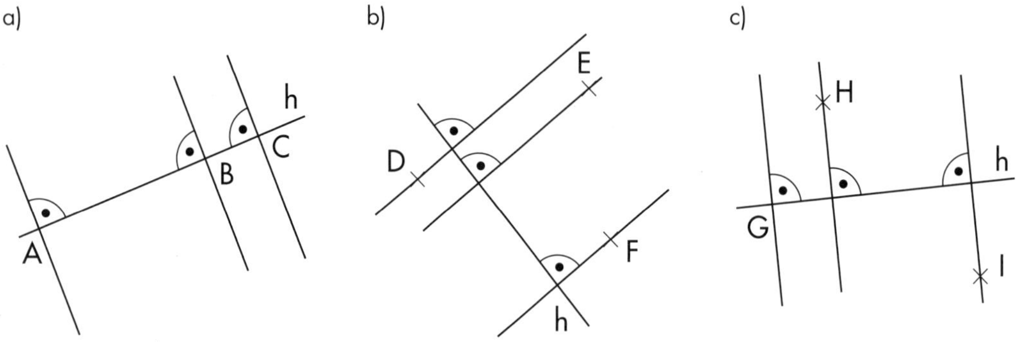

115

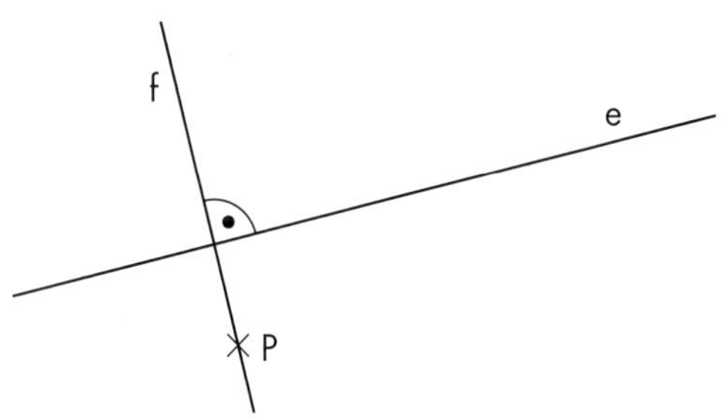

116 mögliche Lösung

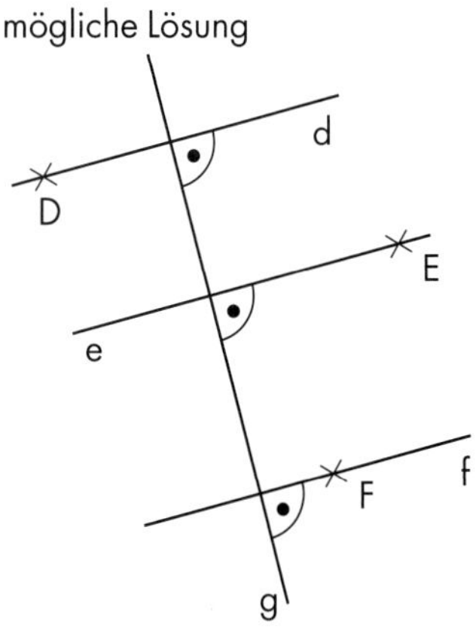

117 mögliche Lösungen

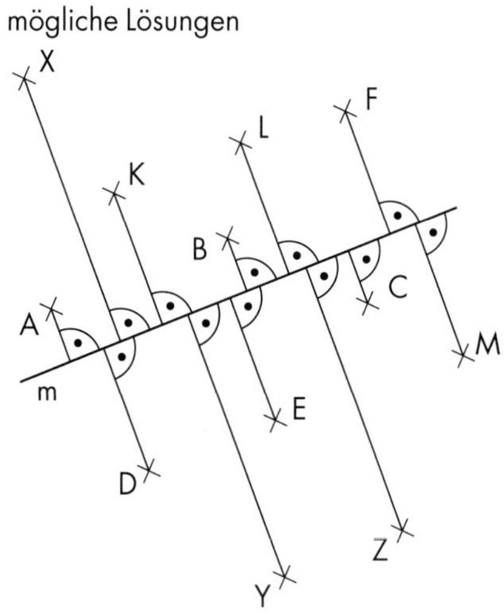

118 mögliche Lösung

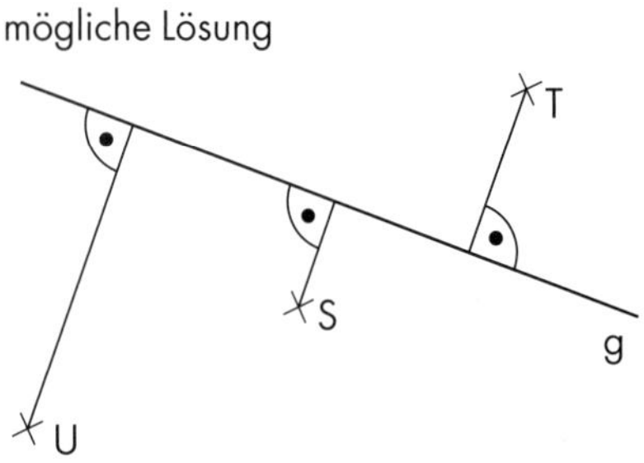

n_S = 9 mm; n_T = 14 mm; n_U = 26 mm

119 mögliche Lösung

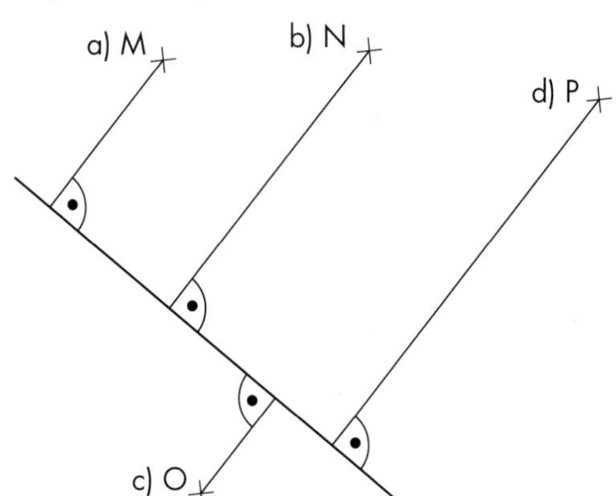

120 mögliche Lösung

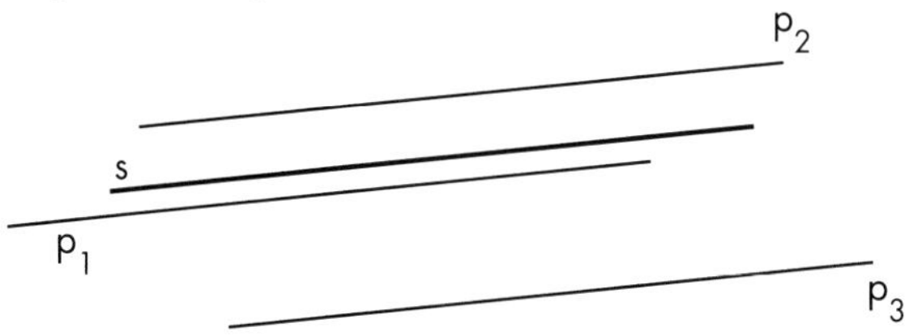

121 mögliche Lösung

a)

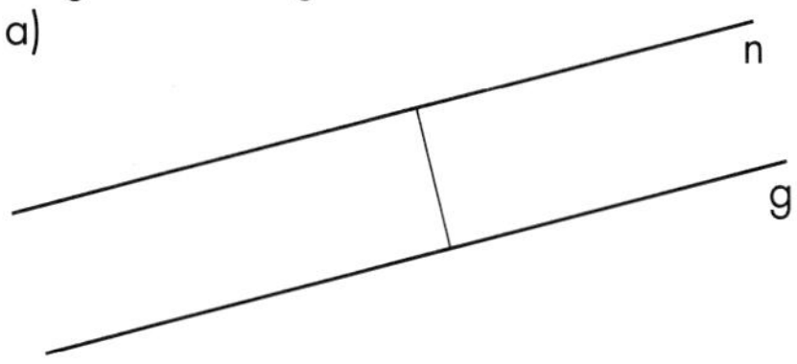

b)

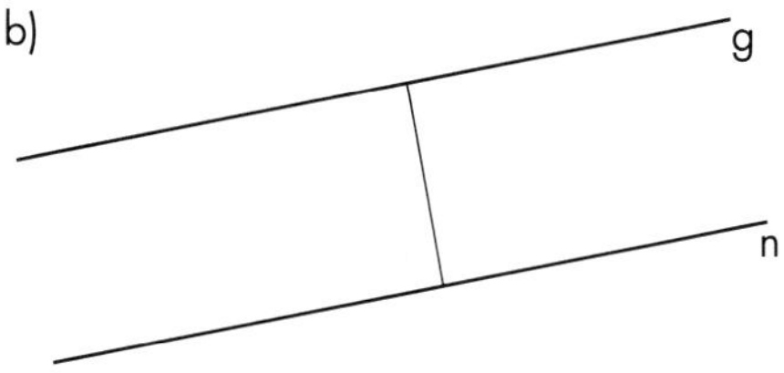

122 mögliche Lösung

a)

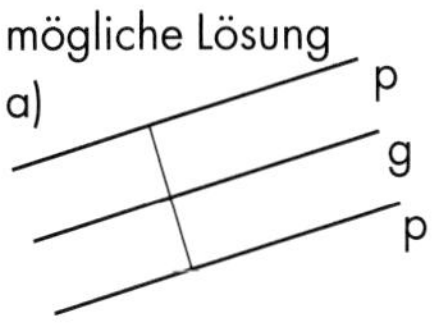

b)

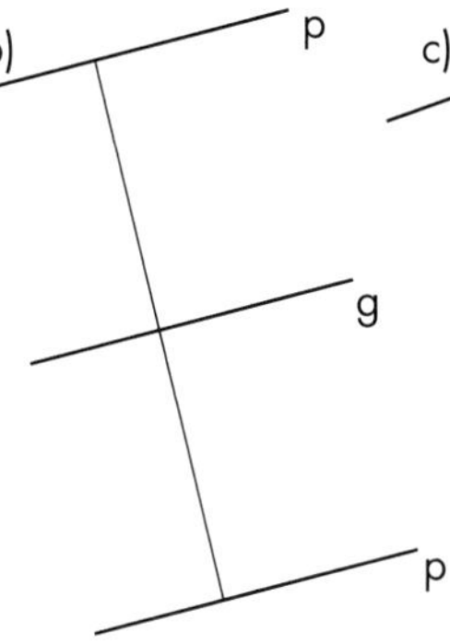

c)

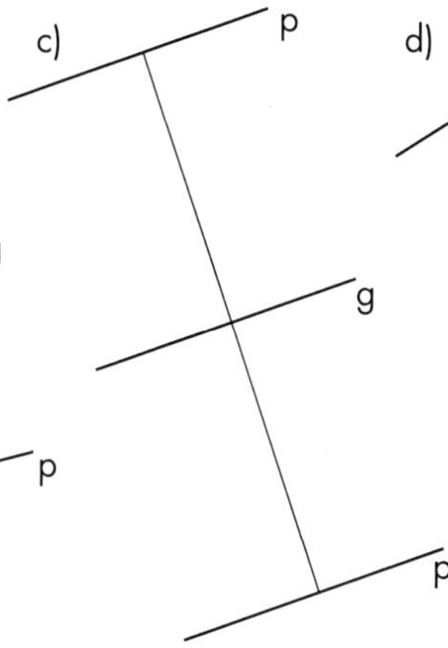

d)

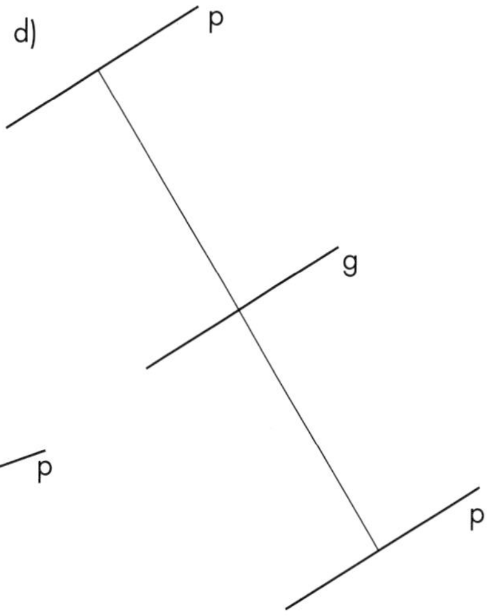

123 mögliche Lösungen

a)

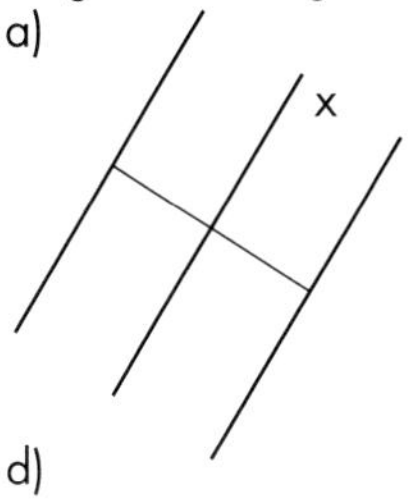

b)

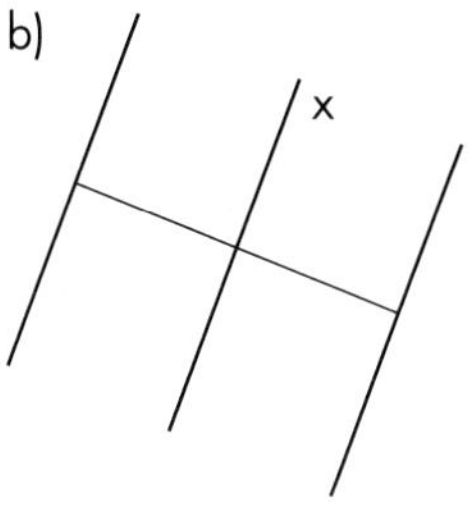

c)

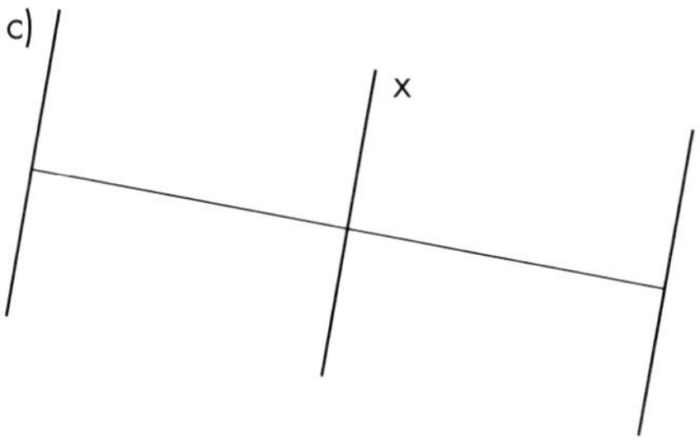

d)

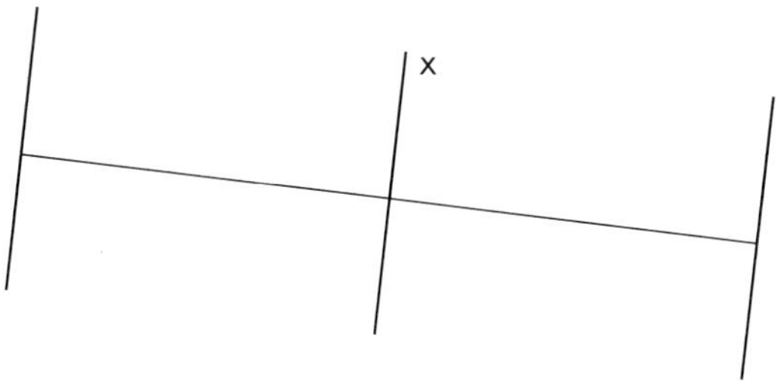

124 a)

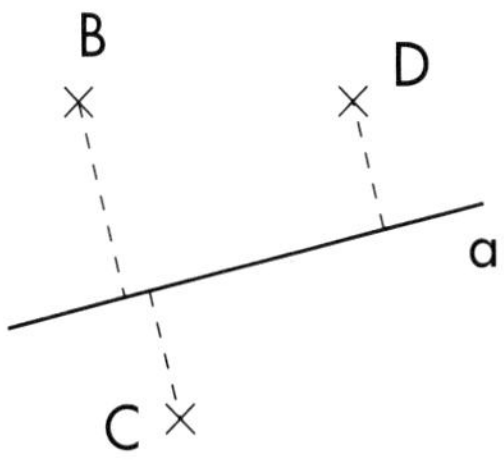

a_B = 13 mm
a_C = 9 mm
a_D = 9 mm

b)

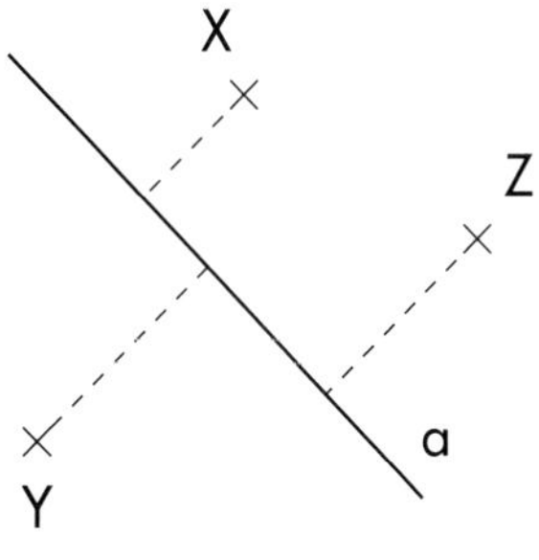

a_X = 10 mm
a_Y = 17 mm
a_Z = 15 mm

125 Er könnte die Mittellinie des Geodreiecks exakt auf eine Gerade legen und kontrollieren, ob die zweite Gerade genau entlang der langen Kante des Geodreiecks verläuft.

126 a) 1) a ⊥ d 2) e ⊥ i, f ⊥ i 3) k ⊥ p, l ⊥ p, m ⊥ p, n ⊥ o
b) 1) b ∥ c 2) e ∥ f, g ∥ h 3) l ∥ m, k ∥ m, k ∥ l

127 a)

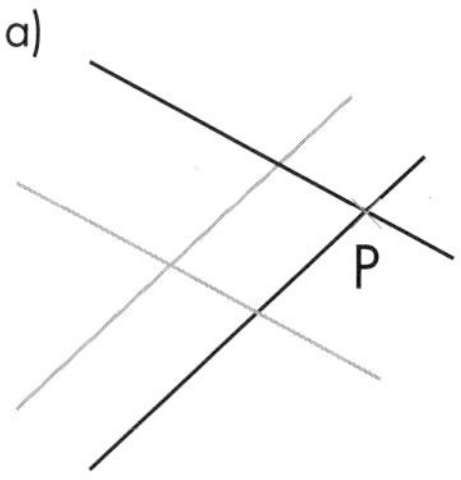

b)

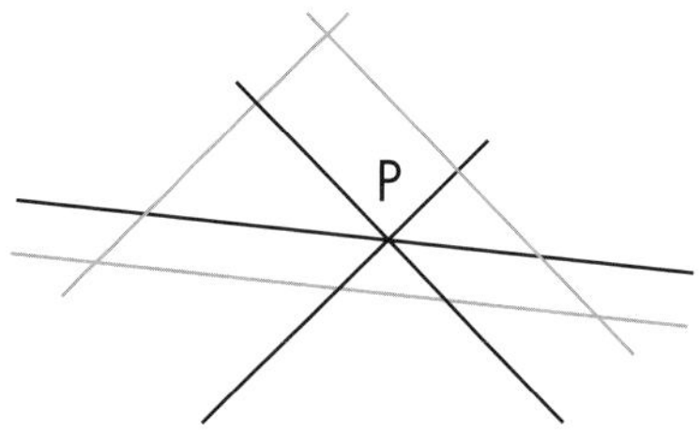

c)

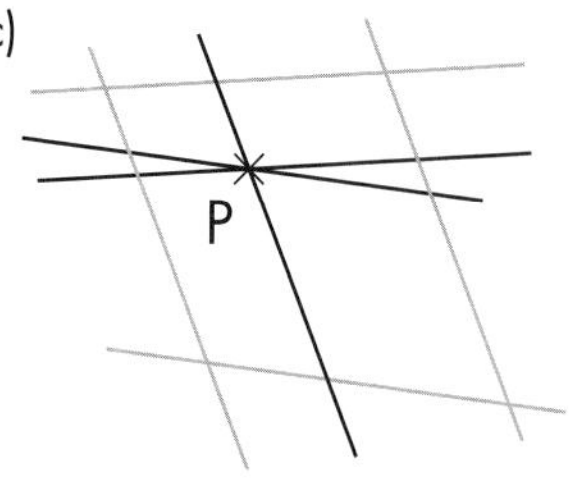

d)

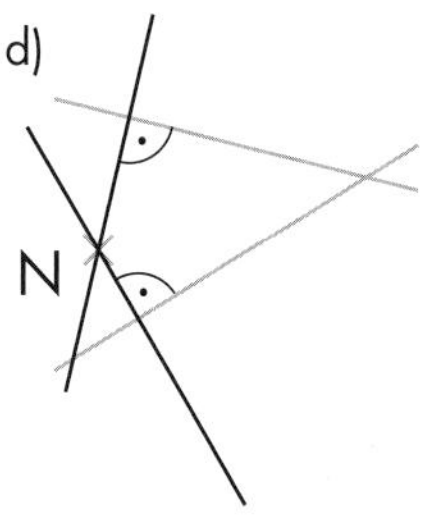

e)

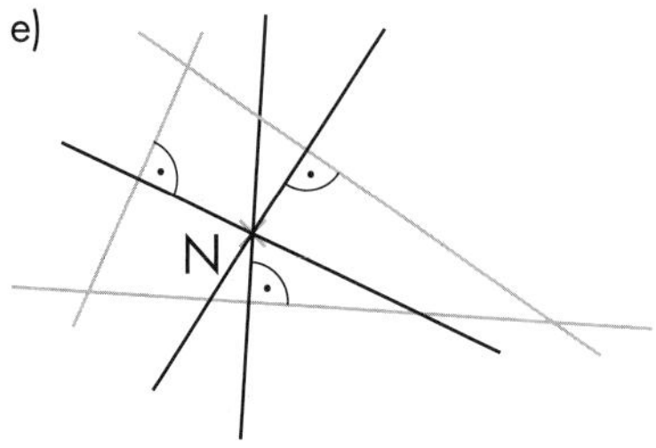

f)

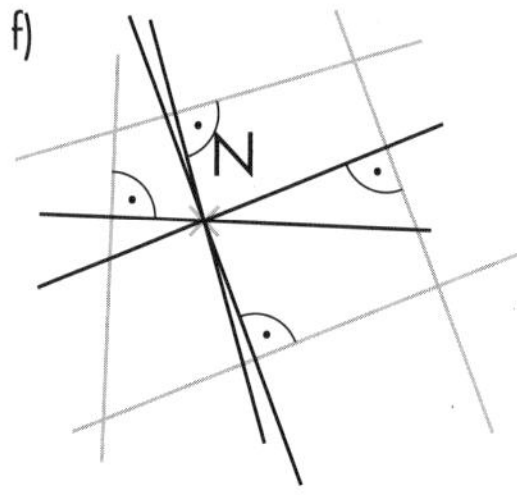

128 a) 7 mm b) 15 mm c) 7 mm

129 a) richtig b) falsch c) richtig d) richtig e) falsch

130 mögliche Lösung

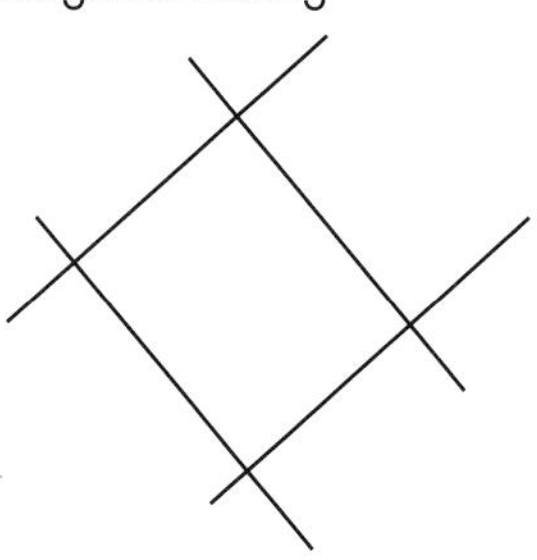

131 mögliche Lösung

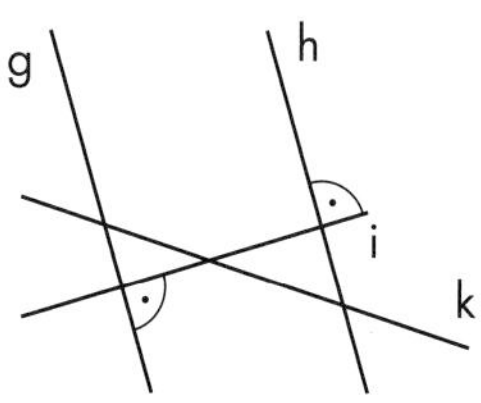

Ich zeichne eine Gerade g, normal dazu die Gerade i, nochmals normal dazu h, dh g II h, k zeichne ich so ein, dass sie zu keiner der Geraden parallel ist.

132 mögliche Lösung

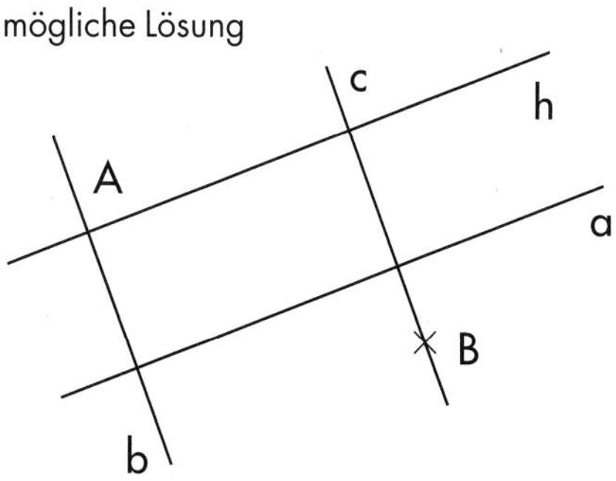

d) b ∥ c, Abstand: 26 mm

133 mögliche Lösung: 8 neue Schnittpunkte

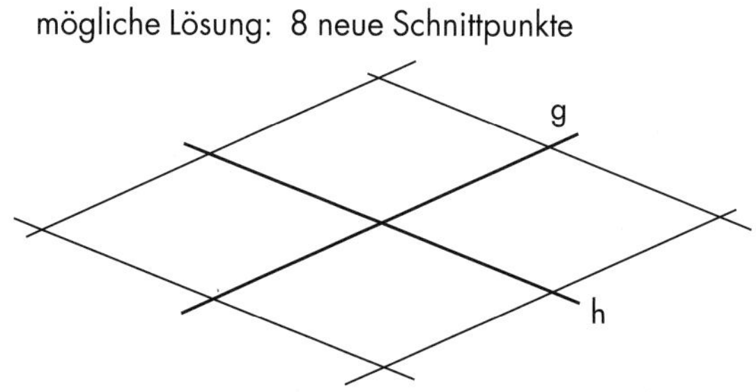

Zeichnung verkleinert

134 Miss die Abstände genau nach.

135 a) 9 mm b) 10 mm c) 12 mm

136 Es handelt sich um eine Gerade. $\overline{RS}$ = 38 mm

137 Zeichne eine Normale auf die gezeichnete Linie. Miss 37 mm auf der Normalen, beginne bei der ersten Gerade und markiere dort einen Punkt. Zeichne durch diesen Punkt eine Normale auf die Hilfslinie.

138 bis **141** individuell

142 c) EF, FG,GH, HI, IG, GE, EI, IF

143 individuell

144 a) E, F, H, M, N, W, Z b) E, F, H, K, L, T c) A, I, V, X, Y

145 24 cm

146–150 Lösungen hinten im Schulbuch auf Seite 242.

Maße

151 Die Angaben unterliegen einer großen Bandbreite. Aber ein Gänseblümchen kann nicht 1 m groß sein. Krokodile gibt es natürlich in verschiedenen Größen.
a) 5 cm b) ca. 2 m c) ca. 7 cm d) ca. 4 m

152 a) 700 cm b) 1 800 cm c) 6 700 cm d) 10 200 cm

153 a) 9 000 mm b) 18 000 mm c) 89 000 mm d) 900 000 mm

154 a) 8 000 m b) 90 000 m c) 56 000 m d) 128 000 m

155 a) 370 cm b) 6 700 mm

156 a) 1 270 mm b) 8 900 mm c) 90 mm d) 90 000 mm

157 a) 40 000 dm b) 1 300 000 cm

158 a) 9 km = 9 000 m = 90 000 dm = 900 000 cm = 9 000 000 mm
b) 78 km = 78 000 m = 780 000 dm = 7 800 000 cm = 78 000 000 mm
c) 123 km = 123 000 m = 1 230 000 dm = 12 300 000 cm = 123 000 000 mm
d) 2 300 km = 2 300 000 m = 23 000 000 dm = 230 000 000 cm = 2 300 000 000 mm

159 a) 65 km b) 3 500 cm c) 3 800 dm

160 a) 1 800 mm b) 18 m

161 a) 290 cm b) 29 000 m

162 d) mm

163 a) 800 dag b) 2 700 dag c) 8 700 dag d) 12 000 dag

164 a) 3 000 g b) 63 000 g c) 777 000 g d) 90 000 g

165 a) 60 g b) 230 g c) 7 500 g d) 80 000 g

166 a) 2 000 kg b) 28 000 kg c) 200 000 kg d) 128 000 kg

167 a) 4 500 dag b) 30 t c) 8 000 g

168 a) 37 000 g b) 670 g c) 45 000 kg

169 a) 5 t = 5 000 kg = 500 000 dag = 5 000 000 g
b) 26 t = 26 000 kg = 2 600 000 dag = 26 000 000 g
c) 210 t = 210 000 kg = 21 000 000 dag = 210 000 000 g
d) 1 540 t = 1 540 000 kg = 154 000 000 dag = 1 540 000 000 g

170 a) 600 000 dag b) 17 000 000 g c) 89 000 kg d) 800 000 dag

171 a) 34 000 mg b) 1 800 cg c) 2 340 dg

172 a) 19 000 g b) 27 000 mg c) 2 000 000 mg

173 a) 40 cg b) 290 g c) 120 000 dg

174 Ein neugeborenes Kalb wiegt bis zu 100 kg.
Sinnvolle Werte bewegen sich zwischen 50 und 200 kg.
Sinnvolle Begründungen beziehen sich auf Körpergröße und Körpervolumina.

175 a) 23 cm < 84 cm < 130 cm < 270 cm b) 35 cm < 503 cm < 530 cm = 530 cm

176 a) 70 km 51 m 3 dm b) 49 km 4 m 2 dm 1 cm c) 12 km 500 m d) 3 km 500 m 2 mm

177 a) 4 m 8 dm 2 cm 3 mm b) 324 m 5 dm c) 234 m 5 dm d) 453 km 140 m 3 cm
e) 4 km 560 m f) 42 m 5 dm g) 3 km 450 m h) 1 km 412 m 3 dm 4 cm 2 mm

178 a) 345 m 4 dm 5 cm 6 mm b) 238 km 906 m c) 45 690 km d) 327 km 412 m

179 a) 540 dm < 40 000 dm b) 1 820 dm < 1 827 dm c) 4 832 dm > 511 dm

180 a) 4 120 mm < 4 125 mm < 42 200 mm b) 823 mm < 8 560 mm < 8 650 mm

181 a) 4 030 m b) 300 234 cm c) 45 567 mm d) 204 312 cm

182

a)	b)	c)
23 000 000 mm	27 000 000 mm	437 000 000 mm
2 300 000 cm	2 700 000 cm	43 700 000 cm
230 000 dm	270 000 dm	4 370 000 dm
23 000 m	27 000 m	437 000 m
23 km	27 km	437 km

183 b) 160 cm d) 17 dm

184 a) 6 t 702 kg 56 dag b) 89 t 7 kg 40 dag c) 27 t 430 kg d) 35 t 2 kg 80 dag

185 a) 2 020 g < 2 220 g < 2 320 g < 20 200 g b) 3 350 g < 5 530 g < 35 350 g < 53 530 g

186 a) 5 kg 42 dag 3 g b) 462 kg 30 dag c) 9 t 7 kg d) 73 412 t 500 kg

187 a) 19 t 600 kg b) 542 kg 20 dag c) 2 t 359kg d) 3 t 412 kg 31 dag 4 g

188 a) 3 t 500 kg 50 dag b) 289 t 6 kg 80 dag c) 800 700 t 200 kg d) 300 t 743 kg

189 a) 3 200 dag > 300 dag b) 340 dag < 3 400 dag c) 6 750 dag > 675 dag

190 a) 332 mg < 3 320 mg < 3452 mg b) 70 012 mg < 70 120 mg < 71 200 mg

191 a) 4 030 012 g b) 32 300 564 dg c) 4 500 000 056 cg d) 31 005 002 g

192

a)	b)
5 000 dg	2 400 000 cg
500 g	240 000 dg
50 dag	24 000 g
	2 400 dag
	24 kg

193 100 Mäuse sind ungefähr so schwer wie eine Katze. 3 kg = 3 000 g; 30 g · 100 = 3 000 g

194 Der Zeitungsstapel ist etwa doppelt so hoch wie die Katze (diese ist 30 cm), daher etwa 60 cm.
Eine Zeitung wiegt ungefähr 200 g. Dieser Zeitungsstapel besteht aus geschätzten 100 Zeitungen und wiegt somit ca. 20 kg.

195 Ganz genau werden die alten Ägypter unsere Maße nicht erreicht haben.
a) 2 Kilo Mehl ≈ 3 Minen (1 872 g) + 4 Unzen (108 g) + 3 Drachmen (18 g) = 1 998 g
b) 5 Kilo Orangen ≈ 8 Minen (4 992 g) + 1 Drachme (6 g) = 4 998 g
c) 14 kg Datteln … 22 Minen (13 728 g) + 10 Unzen (270 g) = 13 998 g
d) 17 kg Mehl … 27 Minen (16 858 g) + 5 Unzen (135 g) + 3 Drachmen (18 g) = 17 001 g

196 individuell

197 Der Mann ist 234 cm groß, seine Masse liegt sicher weit über 100 kg.

198 alte Maßeinheiten: Elle, Maß, Fass, Eimer,…

Englische Gewichte:
1 ounce (oz) - 28,35 g
1 pound (lb) - 16 oz - 453,59 g
1 stone (st) - 14 lb - 6,35 kg
1 quarter (qr) - 2 st - 12,70 kg
1 hundredweight (cwt) - 4 qr - 50,802 kg
1 long ton (lt) - 20 cwt - 1 016,05 kg
1 central oder short cwt - 100 lbs - 45,359 kg

U.S.A Gewichte:
1 grain= 0,065 g
1 pound (lb) - 453,59 g
1 quarter (qr) - 11,339 kg
1 hundredweight (cwt) - 100 pounds (lbs) - 45,359 kg
1 central oder short cwt - 100 pounds (lbs) - 45,359 kg
1 short ton - 20 short cwt - 907,185 kg

199–202 Lösungen hinten im Schulbuch auf Seite 242.

Kreis und Kreismuster

203 a) individuell
b) mögliche Lösung

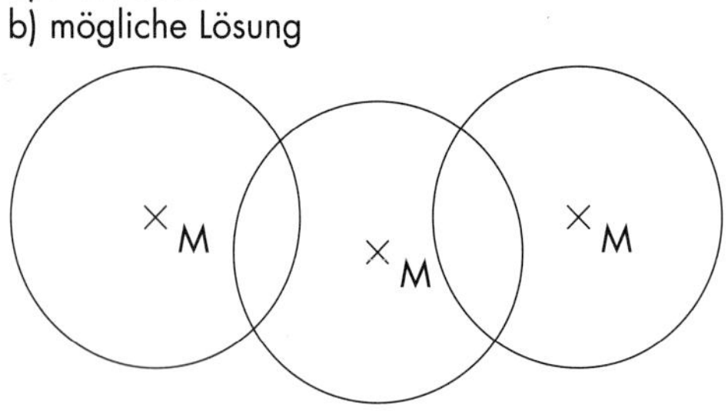

204 mögliche Lösung

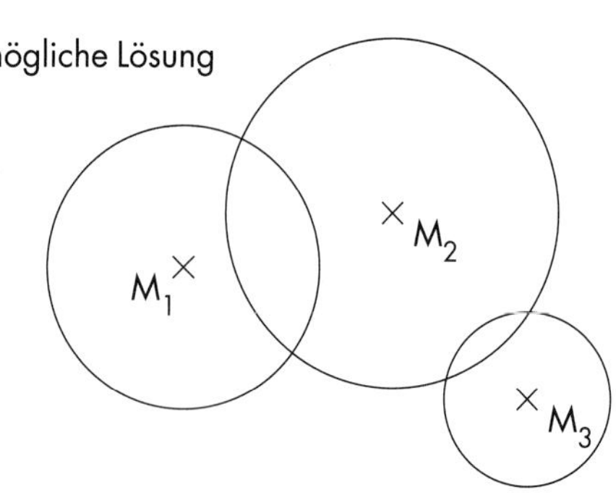

205 individuell, achte darauf, dass der Durchmesser der doppelte Radius ist.

206 innerhalb: A, F, G außerhalb: B, D, E auf der Kreislinie: C, H, I
Zur Kreisfläche gehören: A, C, F, G, H, I

207 Miss zur Kontrolle die Durchmesser: a) 5 cm, b) 8 cm, c) 11 cm 4 mm, d) 66 mm

208 Miss zur Kontrolle den Radius a) 25 mm, b) 35 mm, c) 49 mm, d) 42 mm

209 Vergleiche die Kreise

210 individuell

211 Miss zur Kontrolle die Durchmesser a) 30 mm, b) 24 mm, c) 18 mm, d) 10 mm

212 Miss zur Kontrolle den Radius a) 14 mm, b) 1 cm, c) 16 mm, d) 7 mm

213 a) f b) r c) r d) f e) r

214 Vergleiche mit dem Buch

215 individuell

216 Vergleiche mit dem Buch

217 Miss zur Kontrolle Durchmesser bzw Radius: a) d = 16 cm, b) d = 192 mm, c) r = 74 mm, d) r = 85 mm

218 a)
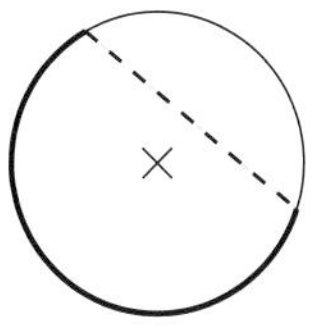
b)
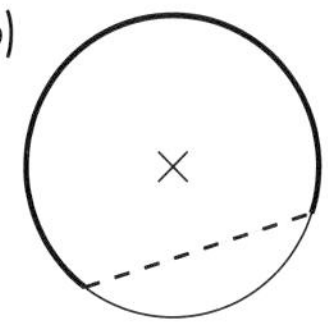
c)
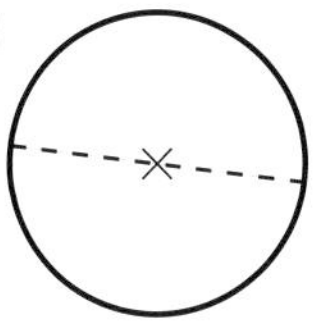
d)
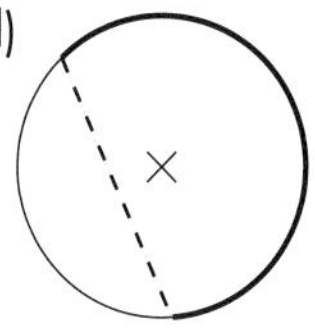

Nein, bei c) sind beide Kreisbögen gleich lang; Sehne = Durchmesser

219 c) 6 d) 8

220 Miss die Sehnen nach

221 Beide haben recht. Es ist ein Sonderfall, es entstehen zwei Halbkreise und diese sind sowohl Kreissektoren wie auch Kreissegmente.

222

	1)	2)	3)
Passante	c	c	e, f
Tangente	a	a, d	a, d
Sekante	b	b, e	b, c, g

223 a)
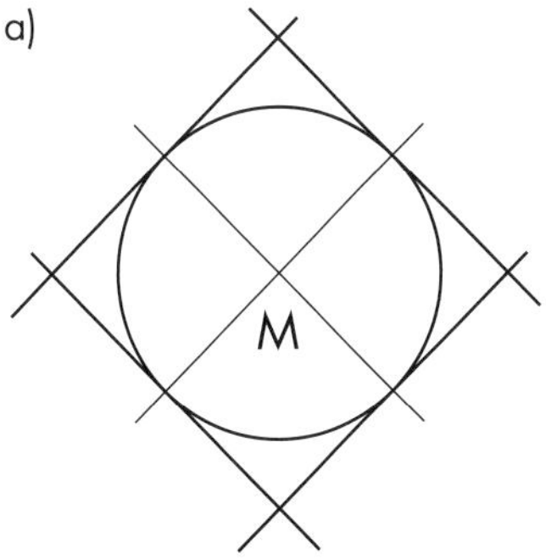

b)
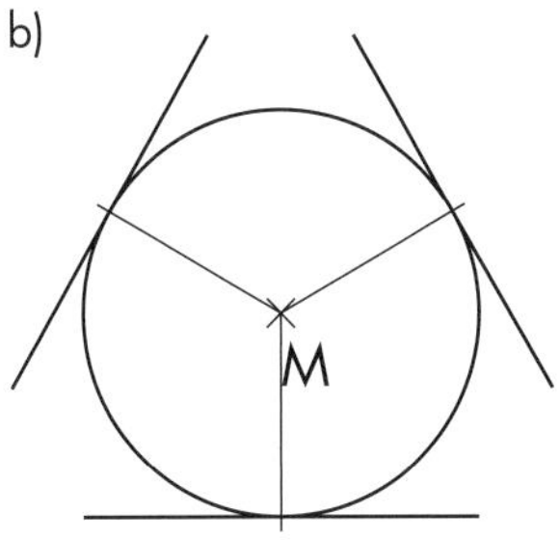

c)
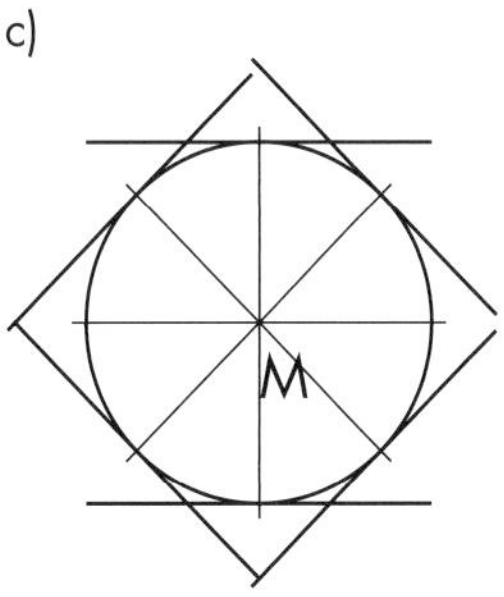

224
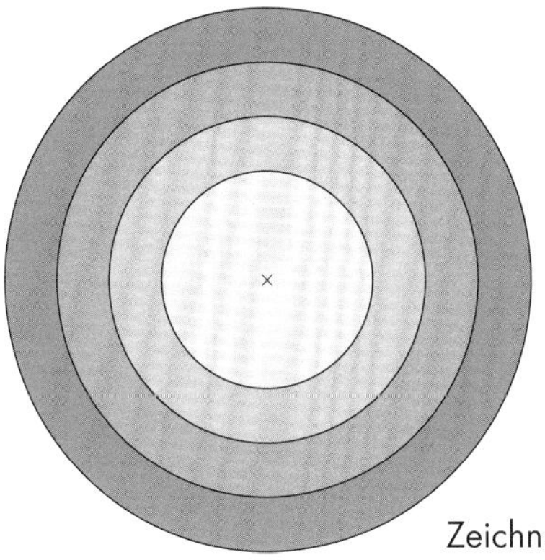
Zeichnung verkleinert

225
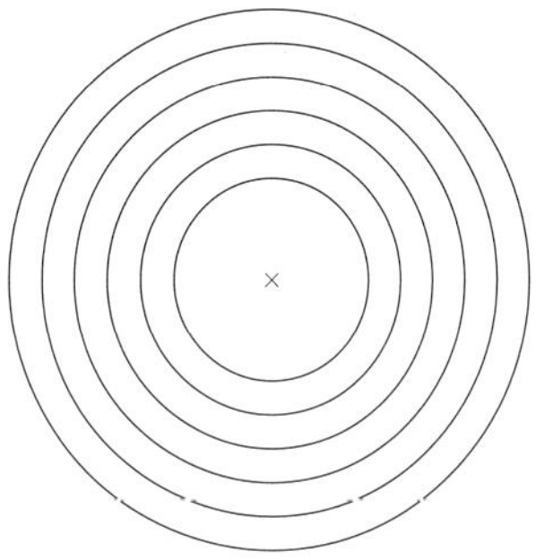
Zeichnung verkleinert

226 a) s = 19,5 mm
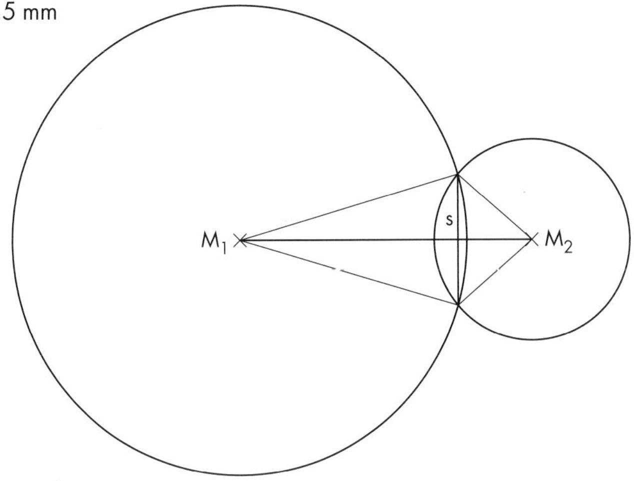

227 Skizze: Miss die Sehne nach.

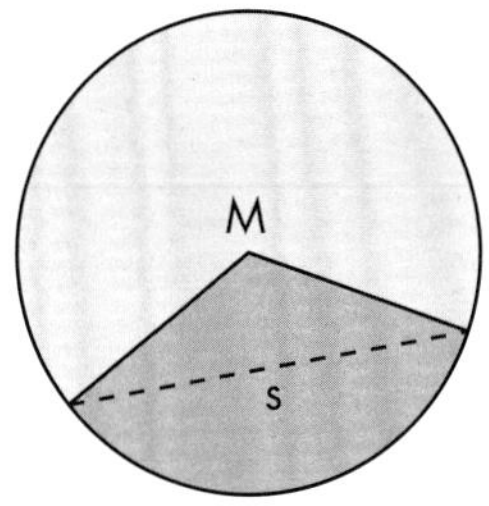

228 a)

b) ja, Sehne s = 60 mm (Durchmesser)

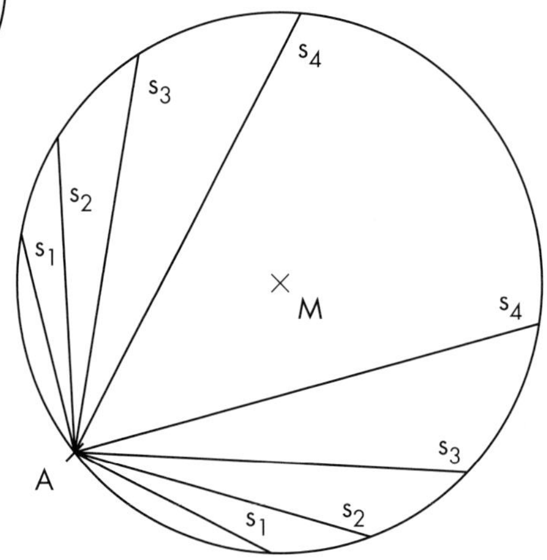

229 a) f b) f c) r d) r

230 ein Quadrat

231 mögliche Lösung

a)

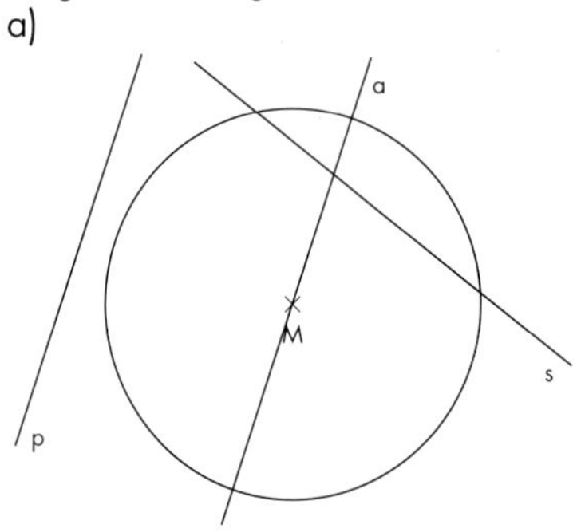

b)

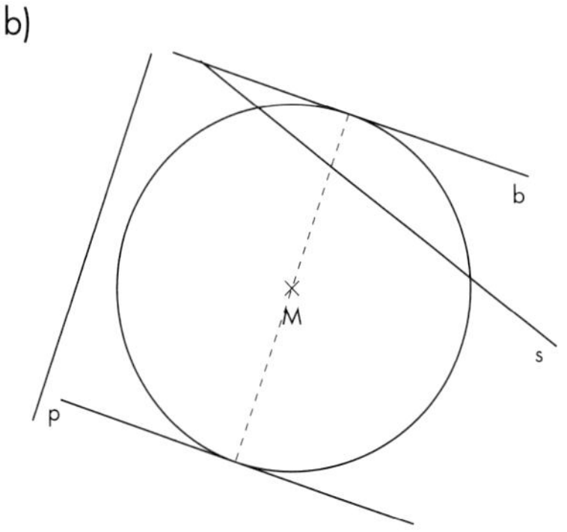

c)

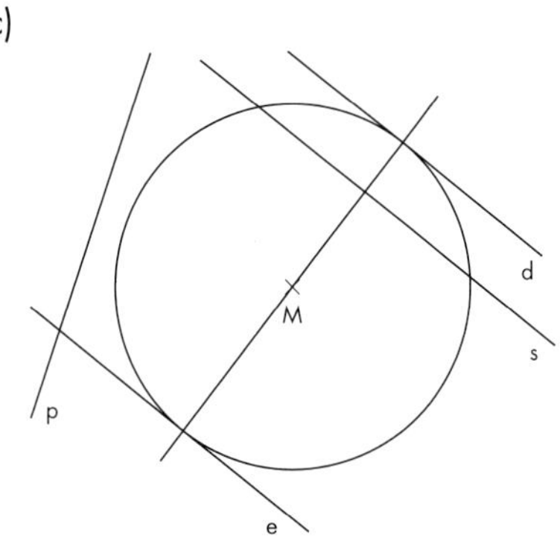

Zeichnungen verkleinert

232 a) b = 13 mm b) b = 6 mm c) b = 16 mm d) b = 18 mm

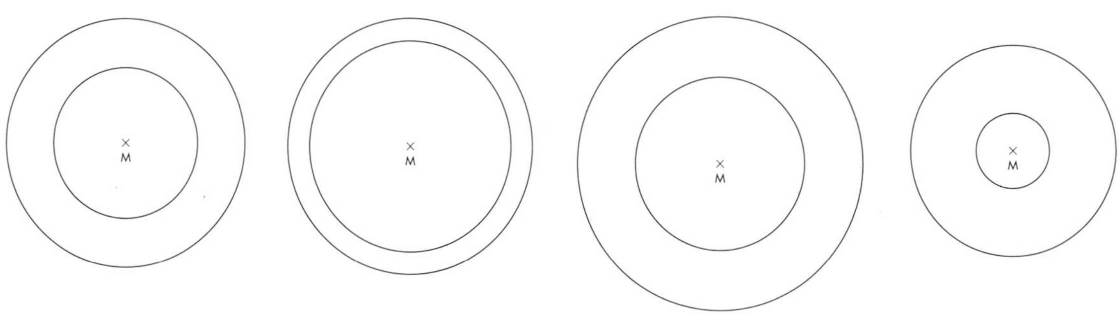

Zeichnungen verkleinert

233 a) r_1 = 49 mm b) r_2 = 14 mm c) d_1 = 102 mm d) d_2 = 68 mm

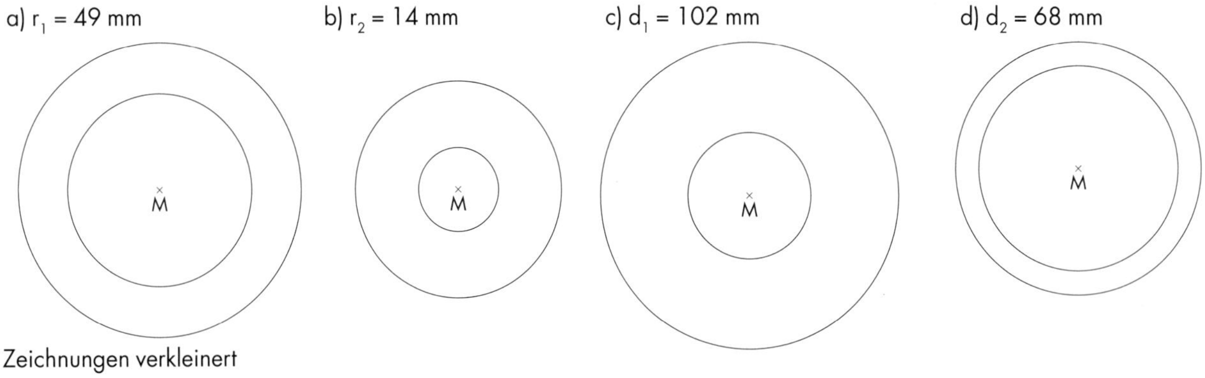

Zeichnungen verkleinert

234 a) kein Schnittpunkt
b) ein Schnittpunkt (Berührungspunkt von außen)
c) zwei Schnittpunkte
d) ein Schnittpunkt (Berührungspunkt von innen)

235 a) Sehne ≈ 36,3 mm
b) Sehne = 21,5 mm
c) Sehne = 65 mm

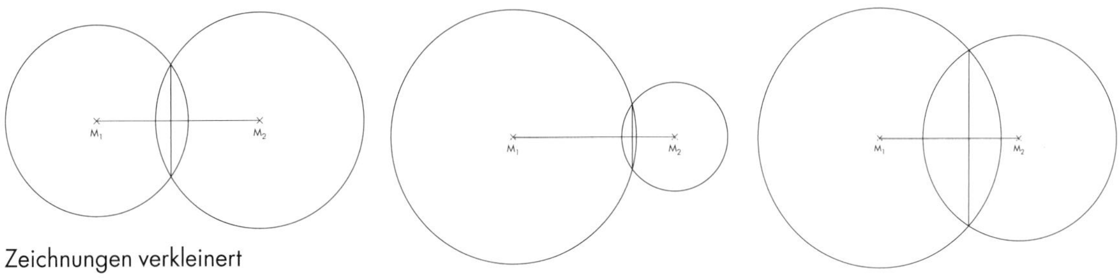

Zeichnungen verkleinert

236 a) Abstand = 5 cm
b) Abstand = 48 mm
c) Abstand = 45 mm

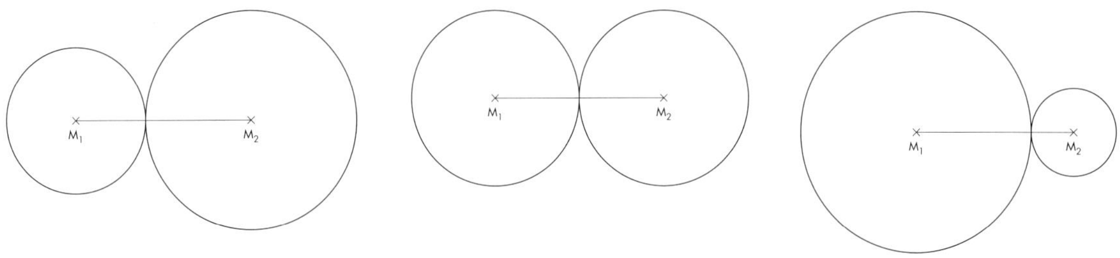

237 a) Abstand = 15 mm
b) Abstand = 12 mm
c) Abstand = 23 mm

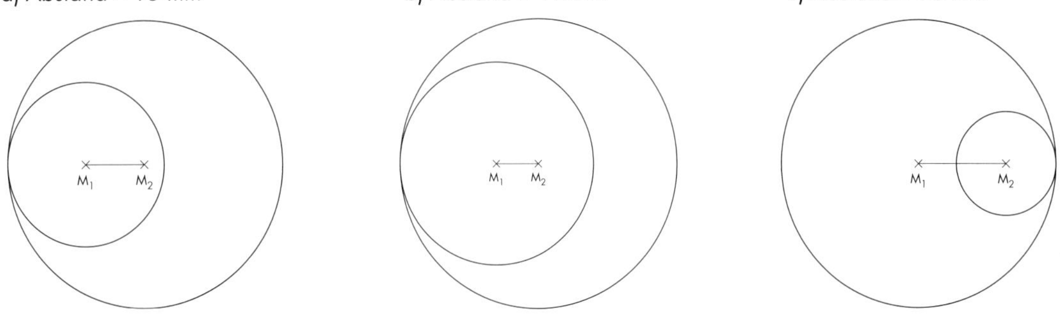

Zeichnungen verkleinert

238 a) In this picture are twelve circles!
b) The radius is 12 mm.

239 Radius r_2 = 2 cm → d_2 = 4 cm = 40 mm (längste Sehne im Kreis). Daher kann die Sehne nicht 42 mm sein.

240
241
242 Vergleiche mit den Zeichnungen im Buch
243
244

245 d) 10

246 Vergleiche mit dem Buch

247 a)
b) individuell
c) ich zeichne zwei beliebige Sehnen, durch deren Mittelpunkt je eine Normale , Schnittpunkt = M

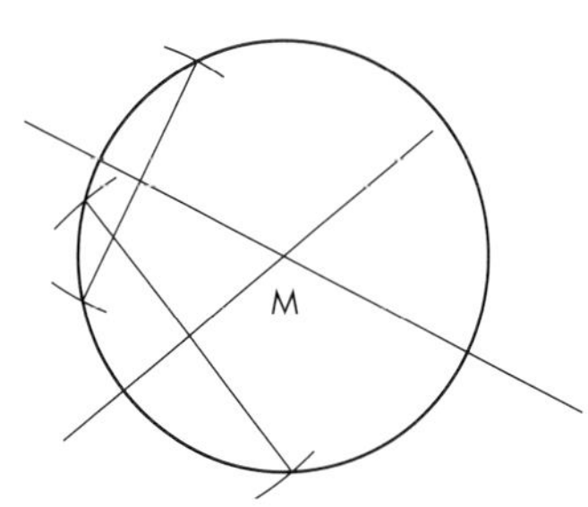

248 Vergleiche mit dem Buch

249 31 Kreise

250–254 Lösungen hinten im Schulbuch auf Seite 242.

Natürliche Zahlen 2

255	a) 29	b) 60	c) 95	d) 65
256	a) 66	b) 75	c) 261	d) 342
257	a) 97 + 5 = 102	b) 86 + 3 = 89	c) 69 + 5 = 74	d) 76 + 3 = 79
258	a) 108	b) 86	c) 59	d) 99
259	a) 716	b) 297	c) 997	d) 793
260	a) 974	b) 789	c) 444	d) 777

261 Start: 12 – 34 – 46 – 73 – 88 – 121 – 132 – 163 – Ziel: 165

262

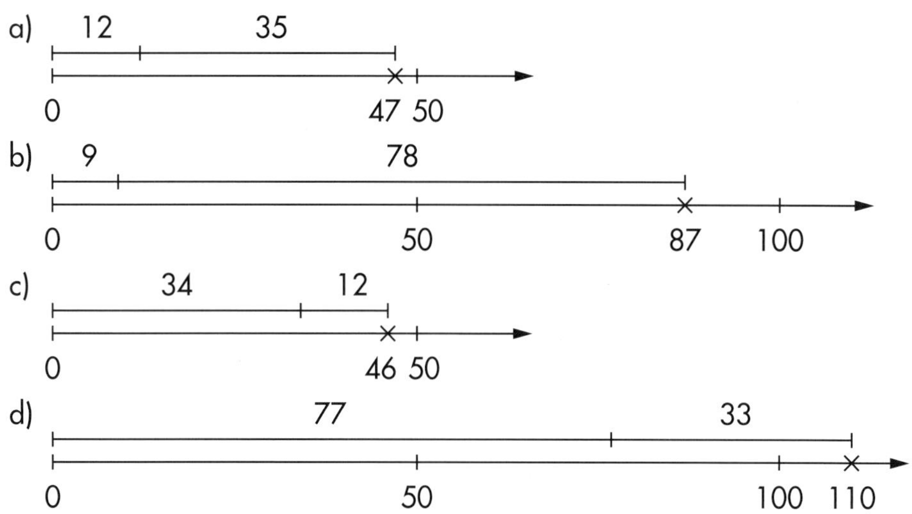

263 a) 9 Stufen b) 4 Stufen c) 3 Stufen

264

			71	84	97				
19	32	45	58		110	123	136	149	162

265 99 – 111 – 123 – 135 – 147 – 159 – 171 – 183 – 195 ...

266 d) 6 + 8

267	a) 53	b) 72	c) 80	d) 29
268	a) 32	b) 39	c) 38	d) 22
269	a) 33	b) 22	c) 11	d) 24
270	a) 102	b) 315	c) 572	d) 744
271	a) 110	b) 440	c) 250	d) 50
272	a) 520	b) 673	c) 155	d) 52

273 Start: 230 — 218 — 190 — 183 — 150 — 100 — 89 — 40 — Ziel: 37

274 Es ist die Zahl 17.

275 a) 5 Stufen b) 3 Stufen c) 7 Stufen

276	a) 3	b) 2	c) 3	d) 9
277	a) 22	b) 22	c) 19	d) 91
278	a) 500	b) 410	c) 239	d) 106
279	a) 7 433	b) 9 999	c) 6 001	d) 9

280 719

281	a) 19 917	b) 153 262	c) 1 462 484	d) 30 130 228
282	a) 81 965	b) 6 325	c) 487 633	d) 82 004 769

283 a)

1094
592 | 502
311 | 281 | 221
157 | 154 | 127 | 94
75 | 82 | 72 | 55 | 39
33 | 42 | 40 | 32 | 23 | 16
13 | 20 | 22 | 18 | 14 | 9 | 7
5 | 8 | 12 | 10 | 8 | 6 | 3 | 4
2 | 3 | 5 | 7 | 3 | 5 | 1 | 2 | 2

b)

4992
2484 | 2508
1104 | 1380 | 1128
501 | 603 | 777 | 351

284 a) 25 904 487 b) 1 915 345 c) 712 293 257

285 a) 1 658 b) 355 c) bei a): blau 1546, gelb 10, rot 102;
bei b): blau 39, grün 283, gelb 33

286 a) Die Summe wird um 12 größer. b) Die Summe wird um 12 größer.
c) Die Summe wird um 24 größer d) Die Summe bleibt gleich.

287 a) immer gerade b) immer gerade c) immer ungerade

288 b) c)

289 a) 300 b) 5 524 c) 2 189 d) 1 300

290 a) 16 487 b) 321 373 c) 1 568 d) 465 000

291 a) 37 b) 16 c) 177

292 a) 43 b) 4 201 c) 700

293 a) 33 b) 101 c) 112 d) 33

294 a) x = 17 b) x = 550 c) x = 69

295 a) y = 333 b) y = 658 c) y = 603

296 a) 380 b) 58 c) 66 d) 410

297 a) 712; 200 b) 1 143; 9 c) 78 995; 73 689 d) 46 747; 99

298

a) 2 2 4 + 5 4 7 = 7 7 1
b) 5 6 8 + 3 0 5 = 8 7 3
c) 4 6 2 + 2 4 7 = 7 0 9
d) 0 1 0 + 3 0 7 = 3 1 7

299 Es sind 93 Semmeln.

300 Wenn man eine ungerade und eine gerade Zahl addiert, erhält man immer eine ungerade Zahl und 100 ist eine gerade Zahl. Die Begründung kann auch mit Beispielen ergänzt sein: $45 + 56 \neq 100$

301 Du musst 22 subtrahieren.

302 111

303 327

304 245

305 25

306 21

307 95 und 41; a) 136; b) 54

308 a) 12 und 2; 14 und 10 b) 21 und 3; 24 und 18
c) 39 und 9; 48 und 30 d) 250 und 150; 400 und 100
Die Endergebnisse sind doppelt so groß wie die ursprünglichen Zahlen.

309 80

310

a) 4 1 6 + 3 5 7 = 7 7 3
b) 5 0 3 + 1 2 5 = 6 2 8
c) 2 7 9 + 2 5 4 = 5 3 3
d) 1 0 1 + 2 0 2 = 3 0 3

311

a) 5 6 2 4 − 2 3 9 8 = 3 2 2 6
b) 9 6 2 4 − 5 8 9 8 = 3 7 2 6
c) 3 2 4 7 3 − 1 7 3 1 4 = 1 5 1 5 9

312 a) zB 0 + 101 = 101 bzw. 1 + 100 etc. Es gibt 102 Möglichkeiten.
b) zB 0 + 30 = 30 bzw. 1 + 30 = 31 etc. Es gibt unendliche viele Möglichkeiten.
c) zB 56 – 0 = 56 bzw. 57 – 1 = 56 Es gibt unendliche viele Möglichkeiten.
d) zB 45 – 0 = 45 bzw. 45 – 1 = 44 Es gibt 46 Möglichkeiten.

313 (23 + 56) + 37 = 23 + (56 + 37)
79 + 37 = 23 + 93
116 = 116

314 Es sind 50 Personen im Langzug, das heißt, es dürfen noch 157 zusteigen.

315 e) 24

316 a) 320 cm am Abend bzw 110 cm am Morgen
b) 430 cm am Abend bzw 220 cm am Morgen
c) im Laufe des 5. Tages

317 Wien 151 m; Graz 365 m; Großglockner 3 798 m

318 594

319 Die Katze ist 25 cm groß.

320 Vorverkauf 231 Karten, Abendkasse 376; + 50 sind 657 besetzte Plätze
Es bleiben 43 Plätze frei.

321 a) Subtrahiere von der Differenz von 613 und 134 die Differenz von 234 und 67.
b) Subtrahiere von der Summe von 345 und 56 die Differenz von 56 und 34.
c) Subtrahiere von 345 die Differenz von 345 und der Differenz von 56 und 34.

322 1 032 Schülerinnen und Schüler

323 The next triangle has 15 point, the next one 21 points.
It's easy to find out: 0 + 1 = 1, 1 + 2 = 3, 3 + 3 = 6, 6 + 4 = 10, 10 + 5 = 15, 15 + 6 = 21,...

324 Da Thomas größer als Svetlana und diese größer als Berta ist, muss auch Thomas größer als Berta sein.

325 1 + 10 = 11; 11 · 5 = 55

326 325

327 99 + 1 = 100; 97 + 3 = 100; ... 49 + 51 = 100 daher: 100 · 25 = 2 500

328 2 + 98 = 100; 4 + 96 = 100; .... 24 · 100 + 50 = 2 450

329 a) 3 + 96 + 78 = 177 b) 87 + 89 + 9 = 185 c) 67 543 + 9 + 8 = 67 560

330 immer 15

331 a) Zauberzahl = 42

11	16	15
18	14	10
13	12	17

b) Zauberzahl = 69

20	25	24
27	23	19
22	21	26

332 a) Es gibt 4 verschiedene Lösungen
b) Beginne links oben (im Uhrzeigersinn): **6**, 12, 7, 1, **4**, 5, 9, 10, **2**, 3, 8, 11

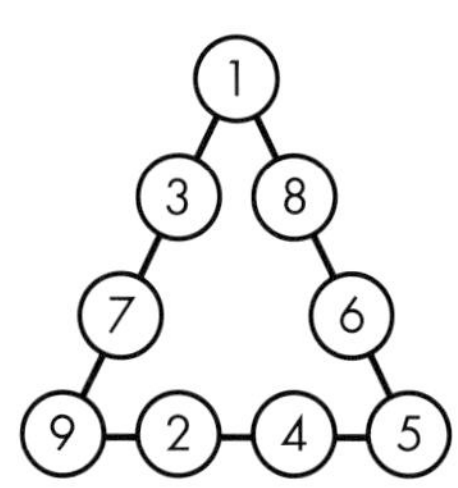

333–336 Lösungen hinten im Schulbuch auf Seite 242.

Der Winkel

337 mögliche Lösung:

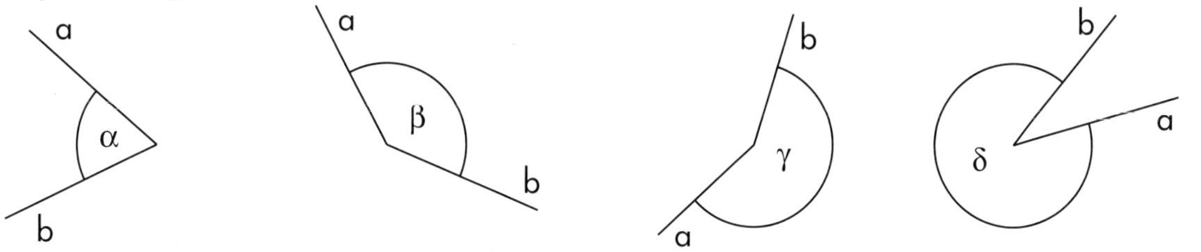

338

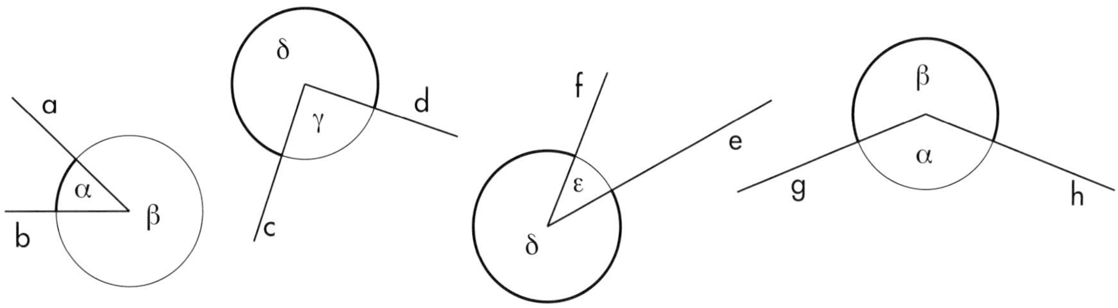

339 a) 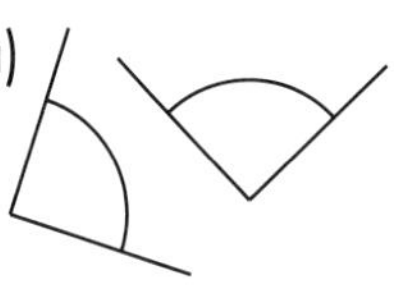 b) 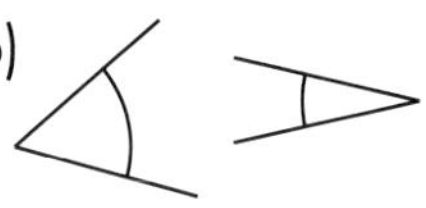 c) 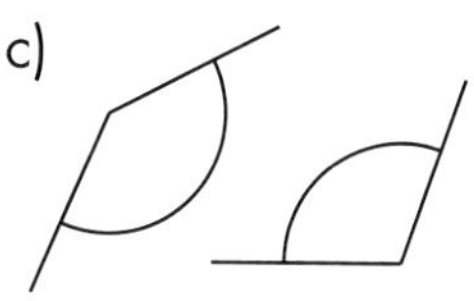 d) 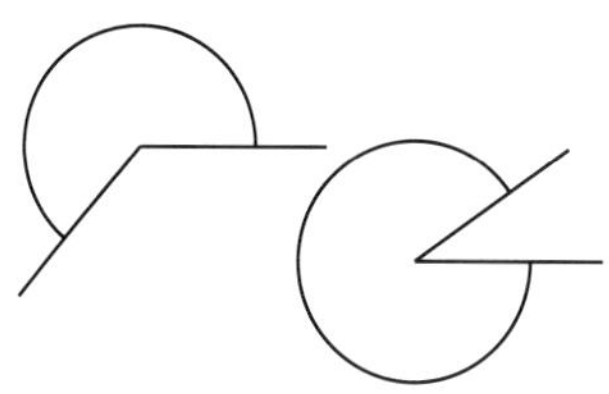

340

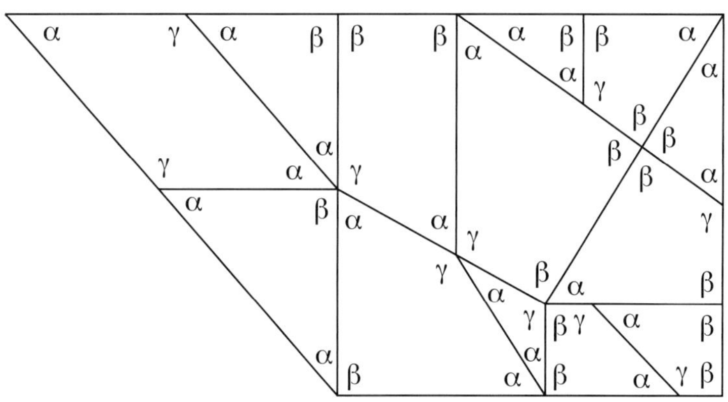

341 a) stumpfer Winkel $\alpha = 112°$ b) spitzer Winkel $\beta = 72°$
c) spitzer Winkel $\gamma = 25°$ d) stumpfer Winkel $\delta = 125°$

342 a) $\alpha < \delta < \gamma < \beta$ b) $\beta < \gamma < \alpha < \delta$

343 nein, der winkel müsste größer als 90° sein, ist er aber nicht

344 a) individuell b) $\alpha = 70°$, $\beta = 45°$, $\gamma = 50°$, $\delta = 60°$ c) $\alpha > \delta > \gamma > \beta$

345 $\alpha = 95°$, $\beta = 65°$, $\gamma = 105°$, $\delta = 150°$, $\varepsilon = 70°$

346 a) individuell b) $\alpha = 35°$, $\beta = 105°$, $\gamma = 75°$, $\delta = 150°$ c) individuell

347 d) f)

348 $\alpha = 61°$; $\beta = 112°$; $\gamma = 50°$; $\delta = 140°$

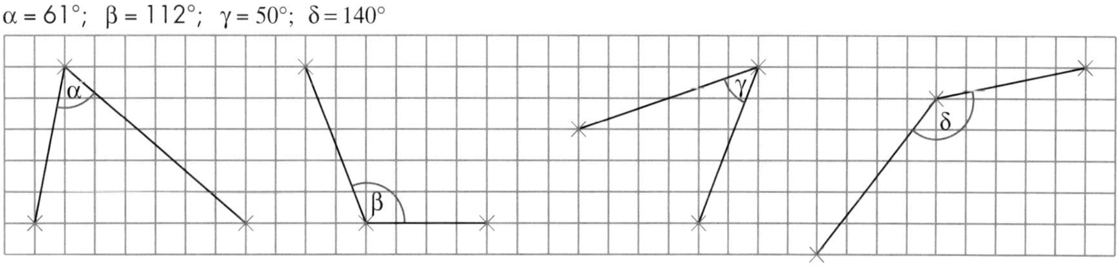

349 $\alpha = 120°$; $\beta = 112°$; $\gamma = 130°$; $\delta = 140°$

350 a) 270° b) 60° c) 330° d) 210°

351	a) 90°	b) 30°	c) 120°	d) 6°
352	a) 180°	b) 120°	c) 15°	d) 720°
353	b) e)			
354	a) 298°	b) 298°	c) 309°	d) 196°
355	a) $\alpha = 332°$	b) $\beta = 125°$	c) $\gamma = 275°$	d) $\delta = 228°$

356 spitz: 30°, erhaben: 254°, stumpf: 130°, erhaben: 310°, stumpf: 92°, erhaben: 188°

357	a) 135°/225°	b) 105°/255°	c) 165°/195°	d) 45°/315°
358	a) 78°	b) 162°	c) 306°	d) 468°

359 e)

360 a)

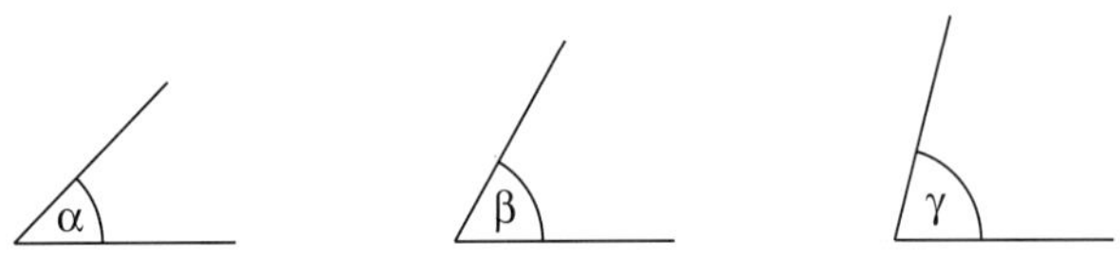

b)

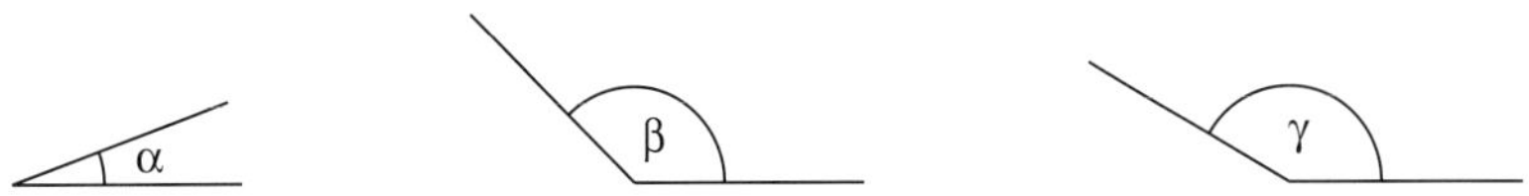

c)

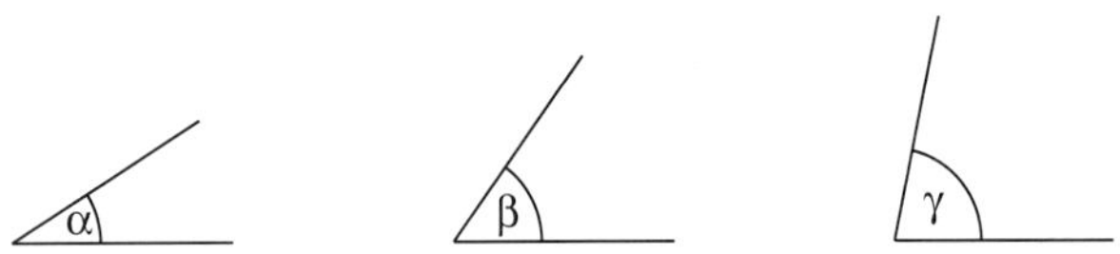

d)

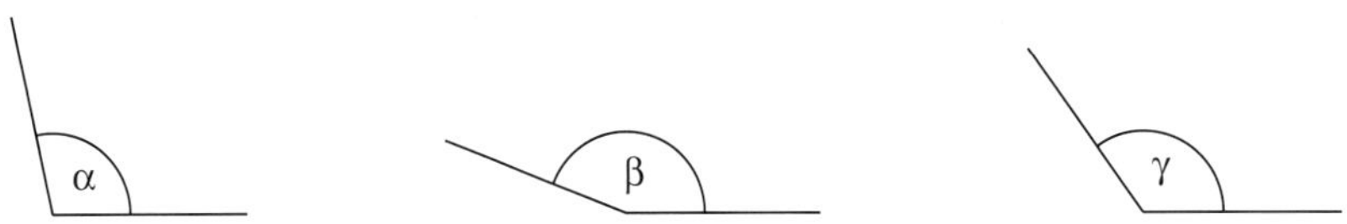

361

Winkel α	17°	61°	38°	84°	25°	79°	4°	90°
komplementärer Winkel zu α	73°	29°	52°	6°	65°	11°	86°	0°

362 a)

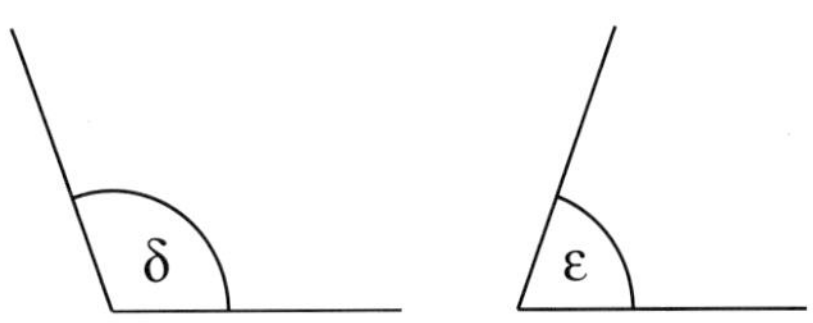

b)

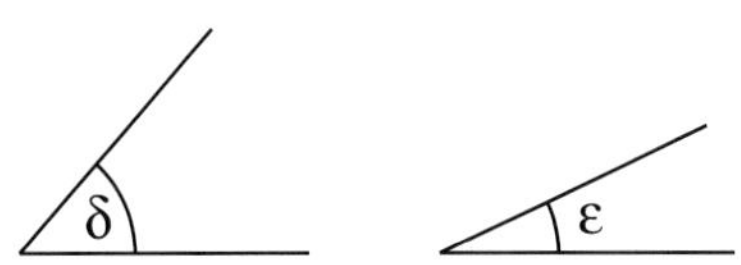

c)

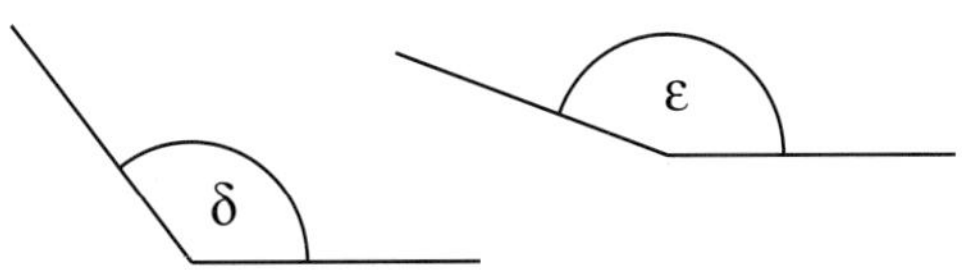

d)

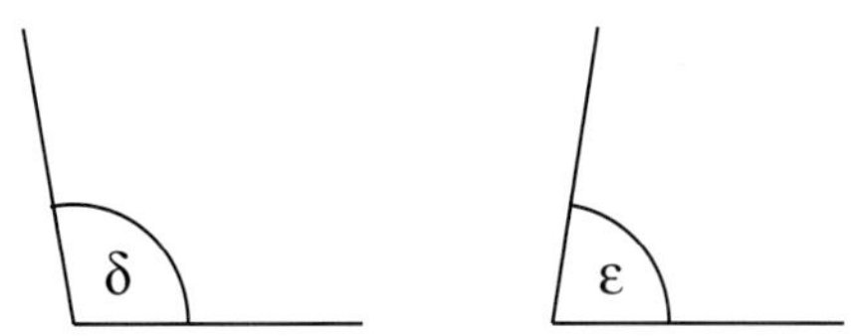

363

Winkel β	26°	104°	57°	151°	78°	98°	6°	173°
supplementärer Winkel zu β	154°	76°	123°	29°	102°	82°	174°	7°

364 a)

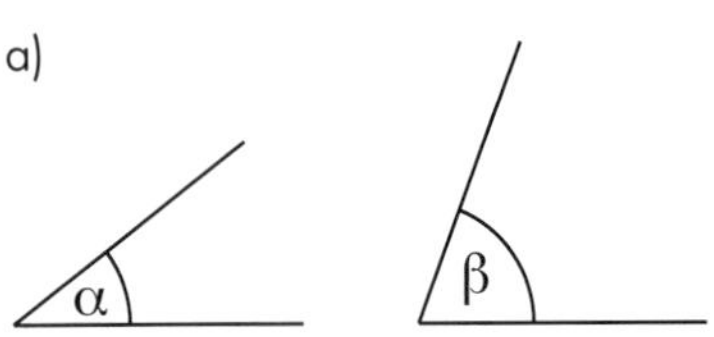

b)

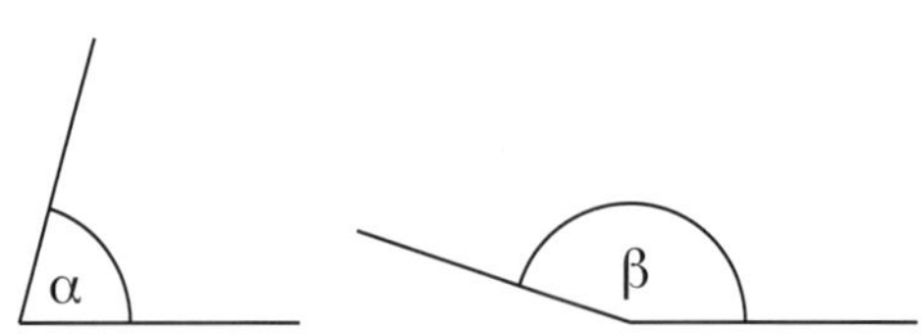

c)

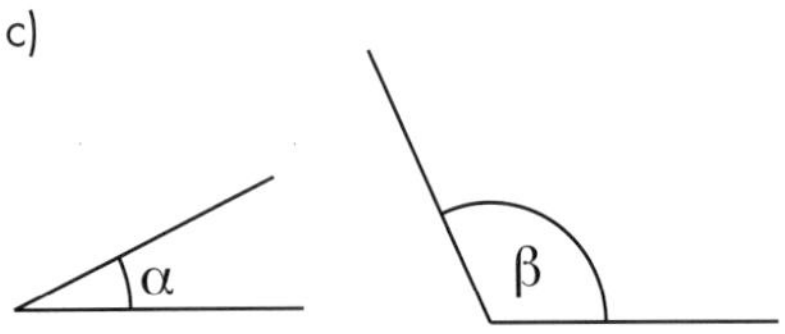

d)

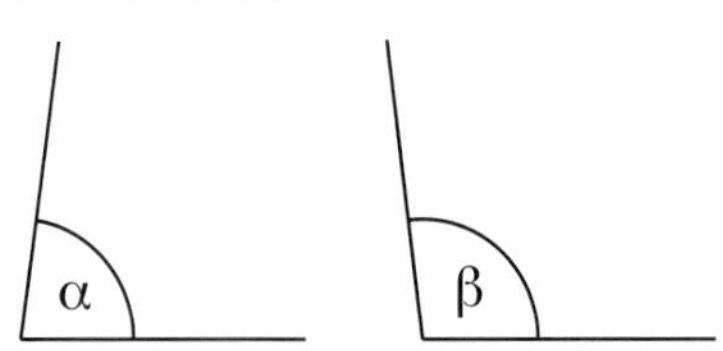

365 a) $\beta = 55°$ b) $\alpha = 23°$ c) $\alpha = 78°$ d) $\beta = 44°$

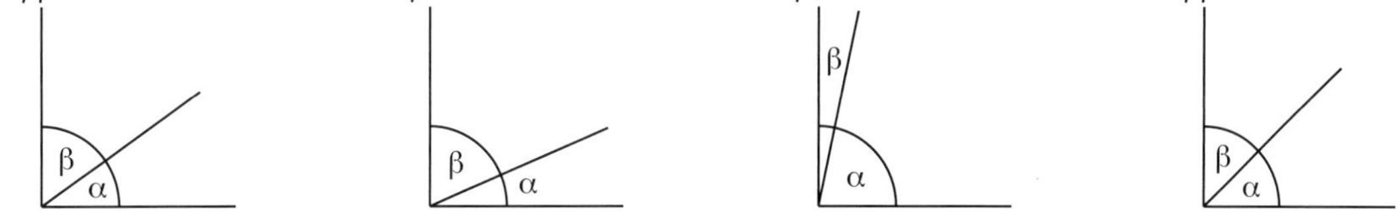

366 a) $\delta = 128°$ b) $\gamma = 62°$ c) $\delta = 26°$ d) $\delta = 101°$

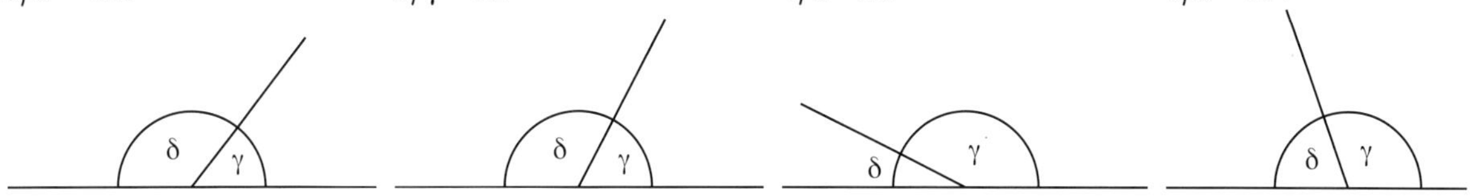

367 $\varepsilon = 40°$

368 a) $\alpha = 115°$ b) $\beta = 38°$ c) $\gamma = 107°$ d) $\delta = 52°$

369 Du legst die Mittellinie des Geodreiecks auf einen Schenkel und achtest darauf, dass der Nullpunkt im Scheitel ist. Ziehe nun den zweiten Schenkel für den rechten Winkel so, dass sich der ursprüngliche Winkel innerhalb befindet.

370 a)

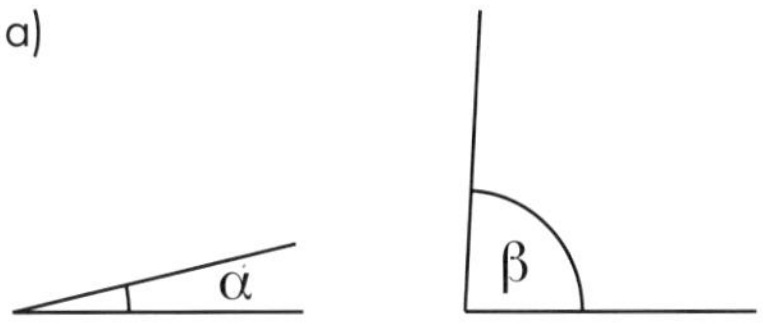

b)

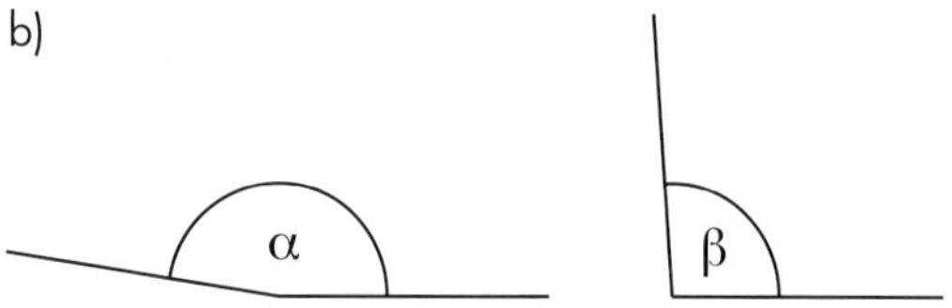

c)

d)

371 a) $\gamma = 70°$

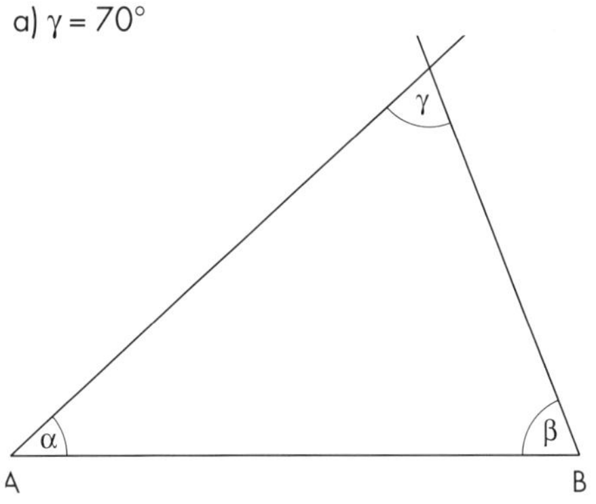

b) $\gamma = 39°$

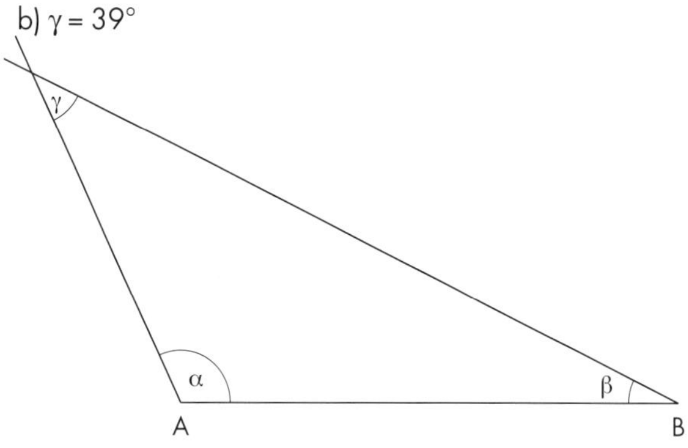

c) $\gamma = 119°$

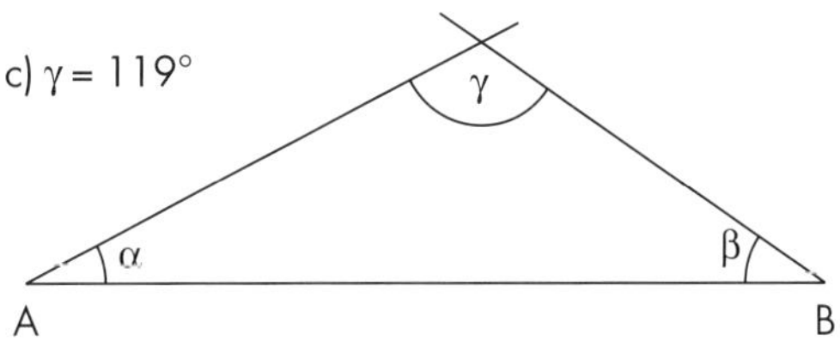

372

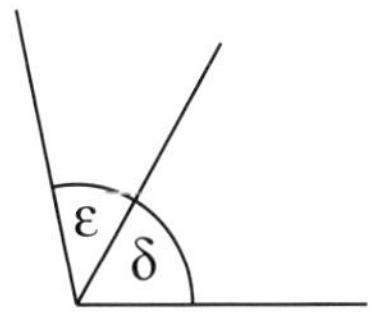

373

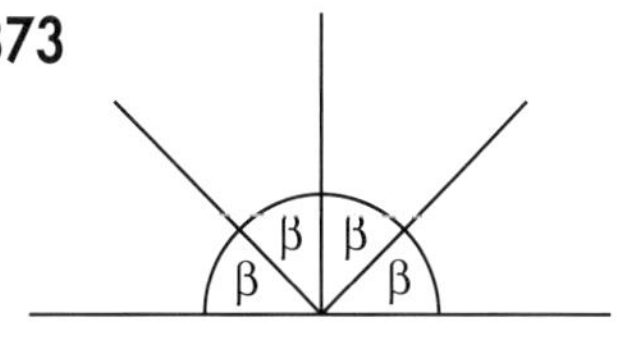

ein gestreckter Winkel

374 a) Fünfeck

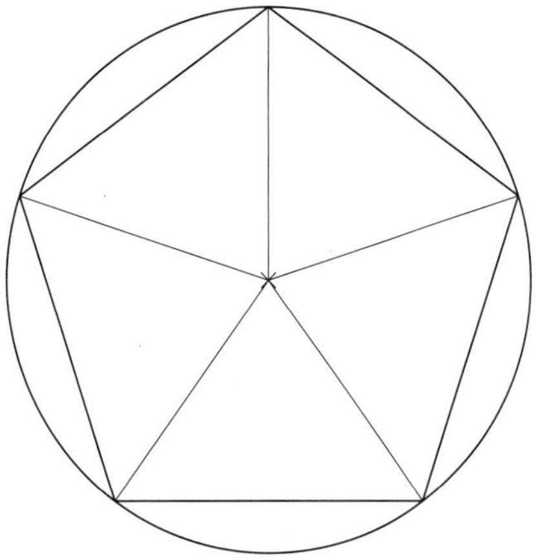

b)

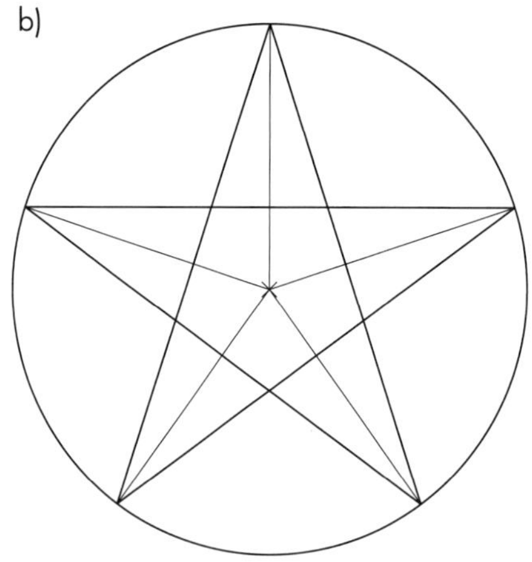

375 a) $\alpha = 35°$ b) $\beta = 135°$ c) $\gamma = 40°$ d) $\delta = 142°$

376 a) 45° b) 30° c) 24° d) 20°

377 a) 120° b) 90° c) 40°

378 Markiere den Mittelpunkt und konstruiere den Kreis mit r = 4 cm. Zeichne nun einen Radius ein. Zeichne nun einen zweiten Radius ein mit einem Zentriwinkel von 36°. (voller Kreis – 360° : 10 Teile = 36°/Teil)
Führe dies neunmal durch. Der Mittelpunkt ist immer der Scheitel.

379 a)

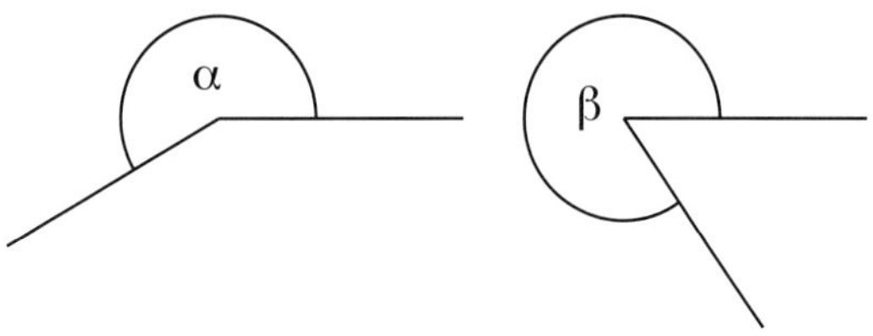

b)

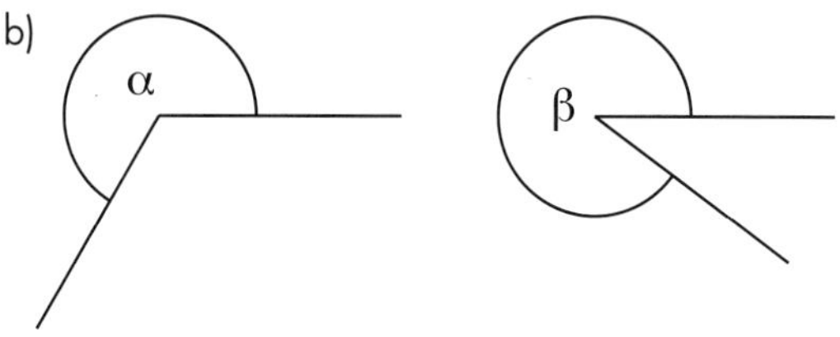

c)

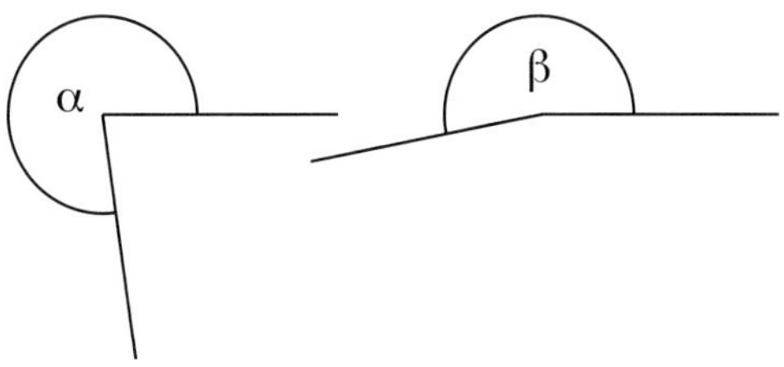

d)

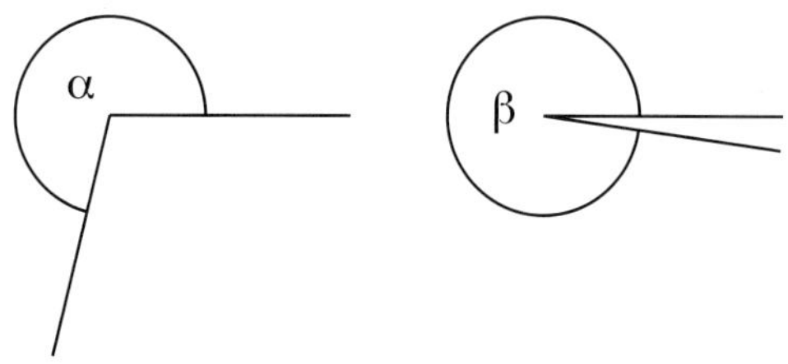

380 Miss die Strecken genau nach.

381 a) $\alpha = 30°$ b) $\beta = 55°$ c) $\gamma = 125°$ d) $\delta = 315°$

382 a) 85° b) 155° c) 70° d) 190°

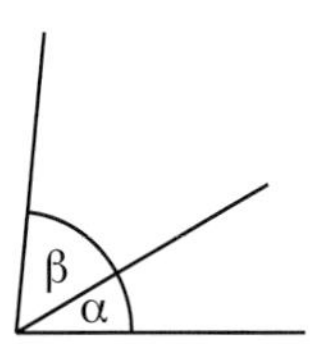

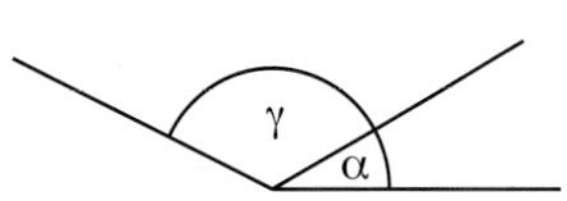

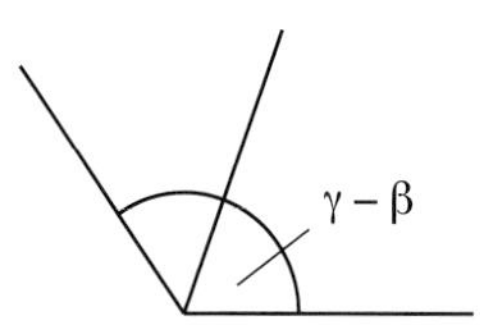

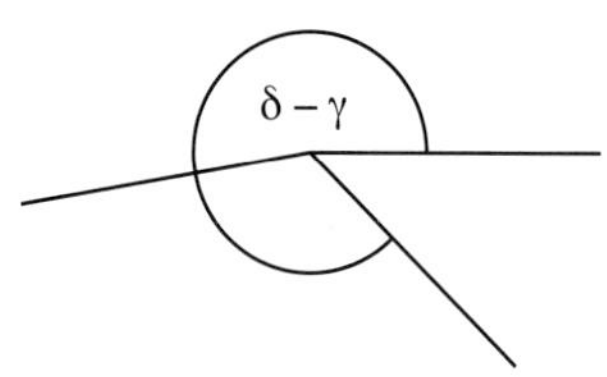

383 a) 144° b) 111° c) 108° d) 214°

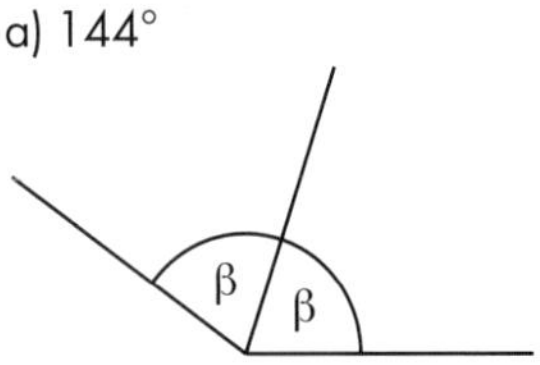

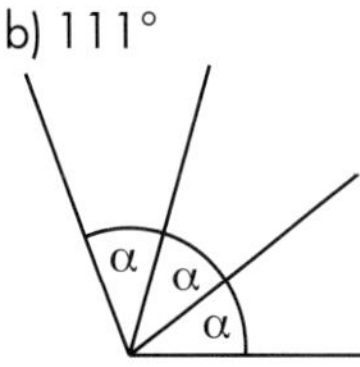

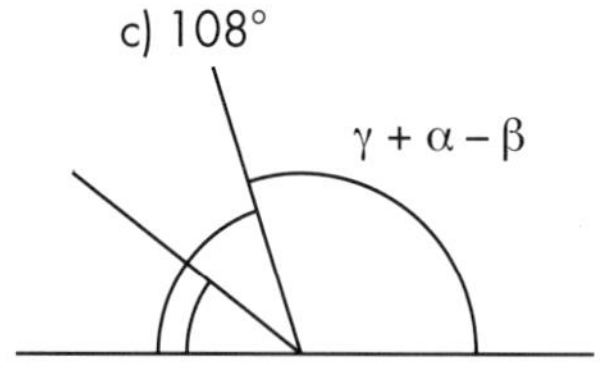

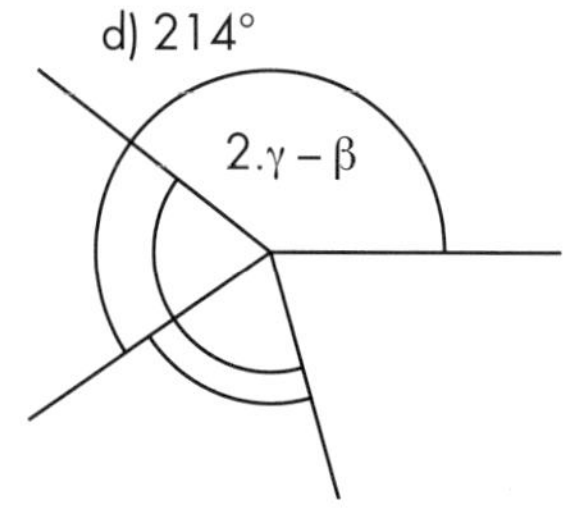

384 a) (1) N: 0°; O: 90°; S: 180°; W: 270°
(2) NO: 45°; SO: 135°; SW: 225°; NW: 315°
(3) NNO: 22,5°; ONO: 67,5°;
OSO: 112,5°; SSO: 157,5°;
SSW: 202,5°; WSW: 247,5°
WNW: 292,5°; NNW: 337,5°

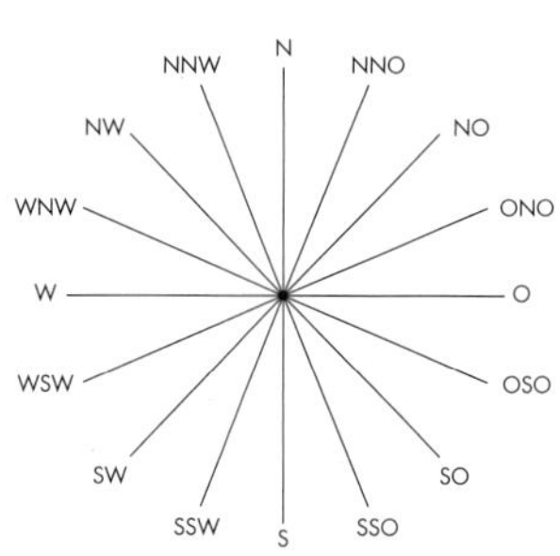

385 individuell

386 261°

387 a) 113°, 107°, 127°, 115°, 34°, 61°, 143°, 112°, 60° b) Summe: 872°

388 a) Zentriwinkel = 45° b) Zentriwinkel = 40°

389 a) Kreta b) Athen c) Akropolis d) Direktor

390 individuell

391 Pythagoras ist eine Philosoph und Mathematiker.

392 $\alpha = 68°$ $\beta = 22°$ $\gamma = 136°$

393 Sie hat den Radius der Kreisbögen unterschiedlich gewählt, müsste aber gleich groß sein.

394 individuell

395 individuell

396–400 Lösungen hinten im Schulbuch auf Seite 243.

Natürliche Zahlen 3

401 a) 16 · 5 = 80 b) 23 · 4 = 92 c) 14 · 4 + 5 · 3 = 71 d) 9 · 5 + 13 · 3 = 84

402 a) 21 · 3 + 4 · 4 + 13 · 2 = 105 b) 7 · 4 + 91 · 2 + 32 · 3 = 306

403 a) 72 b) 56 c) 54 d) 161

404 a) 90 b) 64 c) 168 d) 90

405 a) 170 b) 3 400 c) 25 000 d) 100 000

406 a) 12 000 b) 340 000 c) 1 500 000 d) 360 000

407 Überschlagsrechnung = ÜR
a) ÜR: 70 · 30 = 2 100; 73 · 26 = 1 898 b) ÜR: 90 · 20 = 1 800; 89 · 21 = 1 869
c) ÜR: 40 · 30 = 1 200; 43 · 27 = 1 161 d) ÜR: 70 · 30 = 2 100; 66 · 33 = 2 178

408 a) 512 b) 570 c) 847 d) 636

409 a) ÜR: 35 · 10 = 350; 34 · 12 = 408
b) ÜR: 60 · 120 = 7 200; 56 · 121 = 6 776
c) ÜR: 100 · 60 = 6 000; 57 · 111 = 6 327
d) ÜR: 1 000 · 600 = 600 000; 555 · 1 221 = 677 655

410 b) d)

411 a) 9-mal b) 12-mal c) 8-mal d) 8-mal

412 a) 11 b) 21 c) 10 d) 0

413 a) 12 b) 8 c) 11 d) 23

414 a) 3 b) 4 c) 4 d) 7

415 a) 5 b) 4 c) 3 d) 50
e) 133 f) 3 000

416 7 200 – 3 600 – 1 200 – 300 – 150 – 30 – 15 – Ziel: 5

417 a) 3 b) 1 c) 0 d) 4

418 a) 45 927 — 15 309 — 5 103 — 1 701 — 567 — 189 — 63 — 21 — 7
b) 33 614 — 4 802 — 686 — 98 — 14 — 2

419 a) 72 : 2 = 36; 36 : 3 = 12 oder 72 : 3 = 24; 24 : 2 = 12
b) 150 : 5 = 30; 30 : 3 = 10 oder 150 : 3 = 50; 50 : 5 = 10
c) 105 : 7 = 15; 15 : 3 = 5 oder 105 : 3 = 35; 35 : 7 = 5
d) 75 : 5 = 15; 15 : 3 = 5 oder 75 : 3 = 25; 25 : 5 = 5

420 a) 128 456 b) 0 c) nicht erlaubt d) 1

421 b)

422 a) 108 984 b) 223 704 c) 103 496 d) 270 285

423 a) 113 742 b) 54 746 808 c) 14 823 952 d) 68 409 360

424 a) 682 668 b) 1 410 235 c) 5 413 353 d) 242 901 388

425 a) untere Schranke 200 · 70 = 14 000; obere Schranke 300 · 80 = 24 000
b) untere Schranke 40 · 900 = 36 000; obere Schranke 50 · 1 000 = 50 000
c) untere Schranke 500 · 30 = 15 000; obere Schranke 600 · 40 = 24 000
d) untere Schranke 600 · 3 000 = 1 800 000; obere Schranke 700 · 4 000 = 2 800 000

426 Hier gibt es mehrere Lösungen.
a) Die erste Zahl kann zwischen 80 und 90, die zweite zwischen 10 und 20 liegen.
b) Die erste Zahl kann zwischen 30 und 40, die zweite zwischen 10 und 20 liegen.
c) Die erste Zahl kann zwischen 50 und 60, die zweite zwischen 20 und 30 liegen.
d) Die erste Zahl kann zwischen 80 und 90, die zweite zwischen 60 und 70 liegen.

427 a) 11, 22, 33, 44, 55, 66, 77, 88, 99, 110 b) 15, 30, 45, 60, 75, 90, 105, 120, 135, 150
c) 12, 24, 36, 48, 60, 72, 84, 96, 108, 120 d) 25, 50, 75, 100, 125, 150, 175, 200, 225, 250

428 a) Das Ergebnis ist 31 104. b) Das Ergebnis ist 0.

429 $5 \cdot 12 = 60$
a) Der Wert des Produkts verdoppelt sich auch. ($10 \cdot 12 = 5 \cdot 24 = 120$)
b) Der Wert des Produkts vervierfacht sich. ($10 \cdot 24 = 240$)
c) Der Wert des Produkts verdreifacht sich auch. ($15 \cdot 12 = 180$)
d) Der Wert des Produkts bleibt gleich. ($15 \cdot 4 = 60$)

430 a) Ergebnis immer gerade b) Ergebnis immer ungerade c) Ergebnis immer gerade

431 Es ist einfach, weil nur die Nullen angehängt werden müssen.

432 Erstelle für folgende Rechnungen eine Überschlagsrechnung!
a) 900 : 45 = 20 (tatsächliches Ergebnis ca. 19) b) 8 000 : 400 = 20 (tatsächliches Ergebnis ca. 15)
c) 5 000 : 10 = 500 (tatsächliches Ergebnis ca. 565) d) 70 000 : 500 = 140 (tatsächliches Ergebnis ca. 135)

433 a) 5 643 : 7 = 806 Rest 1 b) 78 761 : 6 = 13 126 Rest 5
c) 99 910 : 5 = 19 982 Rest 0 d) 534 900 : 4 = 133 725 Rest 0

434 a) 2 496 : 52 = 48 Rest 0 b) 7 296 : 96 = 76 Rest 0
c) 7 373 : 73 = 101 Rest 0 d) 3 689 : 17 = 217 Rest 0

435 a) 5 613 : 251 = 22 Rest 91; Probe: $251 \cdot 22 + 91 = 5\,613$
b) 345 276 : 329 = 1 049 Rest 155; Probe: $329 \cdot 1\,049 + 155 = 345\,276$
c) 732 310 : 732 = 1 000 Rest 310; Probe: $732 \cdot 1\,000 + 310 = 732\,310$
d) 45 298 : 523 = 86 Rest 320; Probe: $523 \cdot 86 + 320 = 45\,298$

436 a)

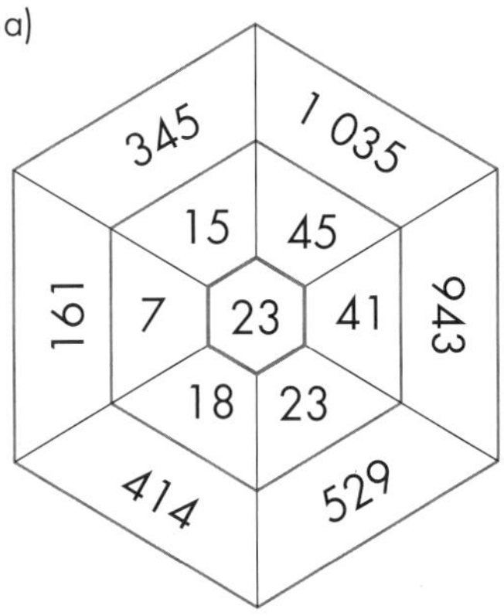

b)

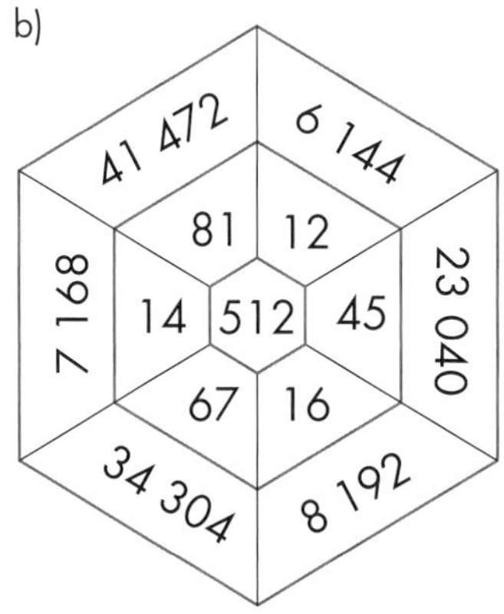

437 Die Multiplikation ist die Gegenoperation zur Division. Daher wird der Quotient mit dem Divisor multipliziert. Falls bei der Division ein Rest bleibt, muss dieser addiert werden.

438 62

439 56

440 Quotienten von 325 und 25 ist 13, das Ergebnis = 169.

441 Das Produkt von 72 und 8 ist 576, der Quotient von 910 und 455 ist 2, das Ergebnis ist 288.

442 a) $360 : 12 = 30$; $30 : 2 = 15$ oder $360 : (12 \cdot 2) = 360 : 24 = 15$
b) $800 : 100 = 8$; $8 : 4 = 2$ oder $800 : (100 \cdot 4) = 800 : 400 = 2$
c) $12\,600 : 25 = 504$; $504 : 4 = 126$ oder $12\,600 : (25 \cdot 4) = 12\,600 : 100 = 126$
d) $35 : 7 = 5$; $5 : 5 = 1$ oder $35 : (7 \cdot 5) = 35 : 35 = 1$

443 a) Quotient = 3; Produkt = 48; 16 b) Quotient = 24; Produkt = 216; 9
c) Quotient = 4; Produkt = 2 500; 625 d) Quotient = 6; Produkt = 216; 36

444 a) $x = 45$ b) $y = 5$ c) $b = 34$ d) $a = 42$

445 a) 1 und 36; 2 und 18; 3 und 12; 9 und 4; 6 und 6
b) 45 und 1; 3 und 15; 5 und 9
c) 1 und 56; 2 und 128, usw: unendlich viele Möglichkeiten
d) 12 und 1; 24 und 2; 36 und 3; usw: unendlich viele Möglichkeiten

446 fehlende Ziffern: a) $78 \cdot 4$ b) $146 \cdot 2$ c) $36 \cdot 32 = 1152$

447 $142\,857 \cdot 2 = 285\,714$ $142\,857 \cdot 3 = 428\,571$ $142\,857 \cdot 4 = 571\,428$
$142\,857 \cdot 5 = 714\,285$ $142\,857 \cdot 6 = 857\,142$

Es kommen immer dieselben Ziffern vor.
142 857 · 7 = 999 999

448 9 999 999 909 und 3 333 333 303

449 Nein. Das ist nicht möglich!
Mögliche Zahlen sind: 394; 439; 493; 934; 943. Bei Division durch 7 bleibt immer ein Rest.

450 a) Das richtige Ergebnis lautet 2 964.
Fehler 1: Erste Reihe muss 228 lauten. Fehler 2: 684 wurde nicht stellenwertrichtig verschoben.
b) Das richtige Ergebnis lautet 52 Rest 44.
Fehler 1: Erste Reihe muss 192 statt 292 lauten. Fehler 2: Wäre 292 richtig, müsste der Rest 70 lauten.
c) Das richtige Ergebnis lautet 268 Rest 5.
Fehler 1: 16 geht in 109 6-mal Rest 13. Fehler 2: Am Schluss würde Rest 9 bleiben.

451 c) d)

452 16 850 km

453 120 g (8 kg 40 dag = 8 400 g)

454 60 = 1 · 60 = 2 · 30 = 3 · 20 = 4 · 15 = 5 · 12 = 6 · 10

455 a) 1, 2, 3, 4, 6, 8, 12, 24 b) 1, 2, 4, 5, 10, 20, 25, 50, 100
c) 1, 3, 5, 9, 15, 45 d) 1, 37

456 23 €

457 In Österreich leben ca. 101 Einwohner pro km². In Finnland leben nur 14 Einwohner pro km².
(Anleitung: Einwohnerzahl : Fläche).

458 107 140 km/h ≈ 100 000 km/h. 1 Tag hat 24 Stunden. 100 000 · 24 = 2 400 000 km.

459 8 Minuten und 20 Sekunden = 500 Sekunden. 300 000 km · 500 = 150 000 000 km

460 26 · 40 = 1 040 Buchstaben pro Seite. 200 720 ≈ 200 000 Buchstaben.

461 122 Jahre = 44 530 Tage; 44 530 + 166 = 44 696 Tage,
44 696 Tage = 1 072 704 Stunden, also rund eine Million Stunden

462

<table>
<tr><td colspan="21">Melone</td></tr>
<tr><td colspan="5">Orange</td><td colspan="5">Orange</td><td colspan="5">Orange</td><td colspan="3">Apfel</td><td colspan="3">Apfel</td></tr>
<tr><td>K</td><td>K</td><td>K</td><td>K</td><td>K</td><td>K</td><td>K</td><td>K</td><td>K</td><td>K</td><td>K</td><td>K</td><td>K</td><td>K</td><td>K</td><td>K</td><td>K</td><td>K</td><td>K</td><td>K</td><td>K</td></tr>
</table>

Melone = 21 Kiwis. 1 Kiwi = 960 : 21 = 45 (Rest 15). 1 Kiwi hat also ungefähr 45 g.
Orange: ungefähr 45 · 5 = 225 g Apfel: ungefähr 45 · 3 = 135 g

463 Caution! Multiply 28 with different numbers between 40 and 50!
Here ist the correct result: 1 260 : 28 = 45
140
0

464 246 : 75 = 3; Rest 21 Der größte Mensch ist mehr als 3 Mal so groß wie der kleinste.

465

a)		b)		c)		d)	
H-Turm	VD-Turm	H-Turm	VD-Turm	H-Turm	VD-Turm	H-Turm	VD-Turm
16	~~81~~	19	81	100	~~5~~	36	~~5~~
8	~~162~~	9	162	50	~~10~~	18	~~10~~
4	~~324~~	4	~~324~~	25	20	9	20
2	~~648~~	2	~~648~~	12	~~40~~	4	~~40~~
1	1 296	1	1 296	6	~~80~~	2	~~80~~
	1 296		1 539	3	160	1	160
				1	320		180
					500		

466

a)		b)		c)		d)	
H-Turm	VD-Turm	H-Turm	VD-Turm	H-Turm	VD-Turm	H-Turm	VD-Turm
27	99	32	~~32~~	12	~~12~~	1 200	~~300~~
13	198	16	~~64~~	6	~~24~~	600	~~600~~
6	~~396~~	8	~~128~~	3	48	300	~~1 200~~
3	792	4	~~256~~	1	96	150	~~2 400~~
1	1 584	2	~~512~~		144	75	4 800
	2 673	1	1 024			37	9 600
			1 024			18	~~19 200~~
						9	38 400
						4	~~76 800~~
						2	~~153 600~~
						1	307 200
							360 000

467

H-Turm	VD-Turm
13	25
6	~~50~~
3	100
1	200
	325

468 1 · 1 = 1
11 · 11 = 121
111 · 111 = 12 321
1 111 · 1 111 = 1 234 321
11 111 · 11 111 = 123 454 321
111 111 · 111 111 Da geben die meisten Taschenrechner bereits den Geist auf und schreiben:
$1{,}234565432^{10}$
Hier musst du selber multiplizieren. Die Gesetzmäßigkeit: Die Zahlen sind symmmetrisch.
111 111 · 111 111 = 12 345 654 321
1 111 111 · 1 111 111 = 1 234 567 654 321
11 111 111 · 11 111 111 = 123 456 787 654 321
111 111 111 · 111 111 111 = 12 345 678 987 654 321
1 111 111 111 · 1 111 111 111 = 1 234 567 900 987 654 321 Es fehlt die Acht!
Elf Einser: 123 456 790 120 987 654 321 Hier fehlt schon wieder etwas!
Zwölf Einser: 12 345 679 012 320 987 654 321

469 a) 432 · 745

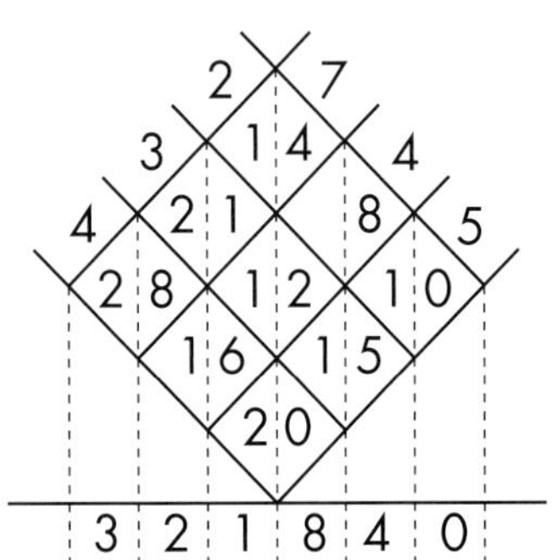

b) 234 · 89

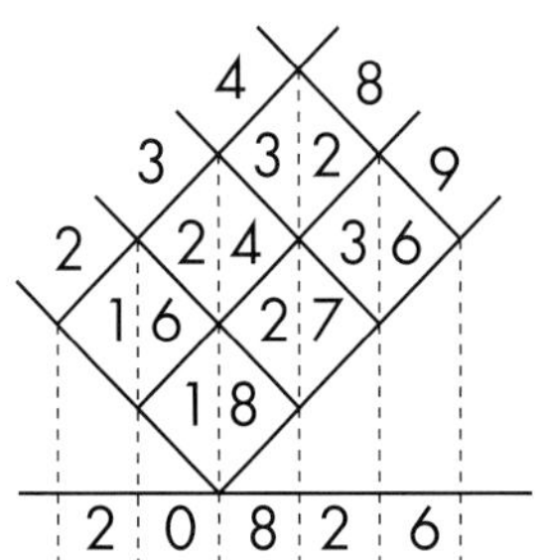

c) 4 567 · 23

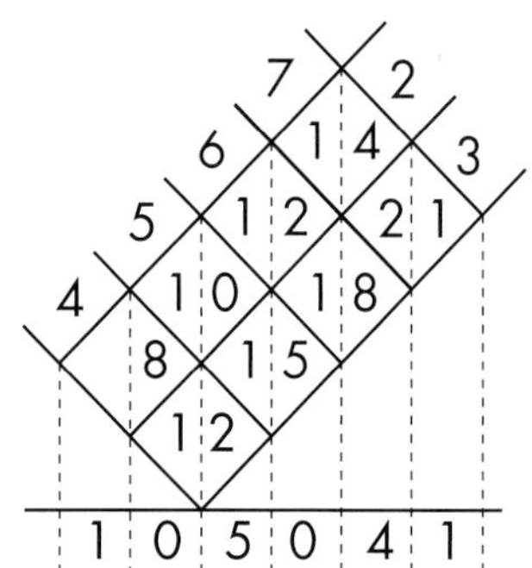

470 zB 735 - 537 = 198; 198 + 891 = 1 089

471–474 Lösungen hinten im Schulbuch auf Seite 243.

Achsensymmetrie

475 verschiedene Lösungen

476 a)

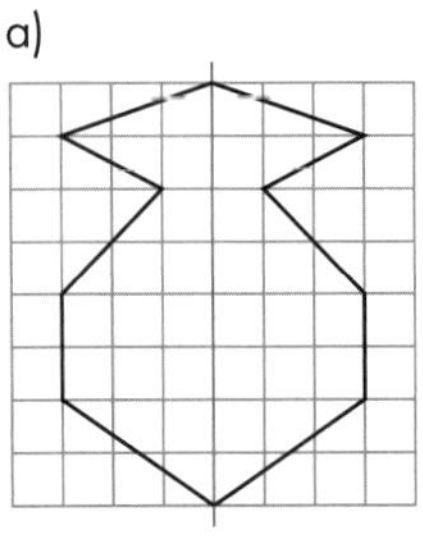

b)

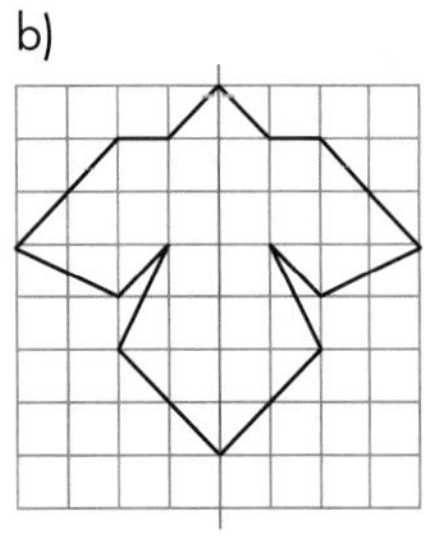

c)

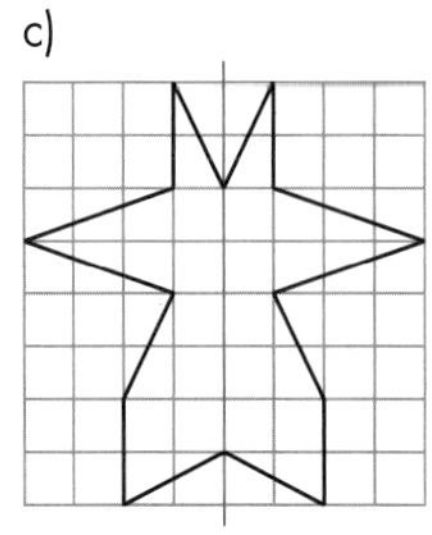

(Zeichnungen verkleinert)

477 a) b) c)

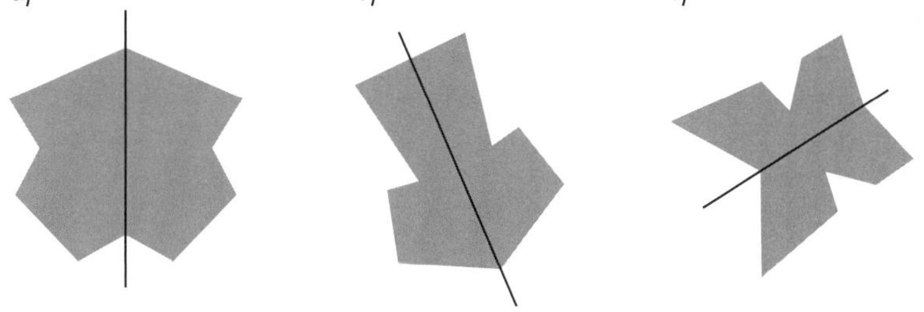

(Zeichnungen verkleinert)

478 a) b) c)

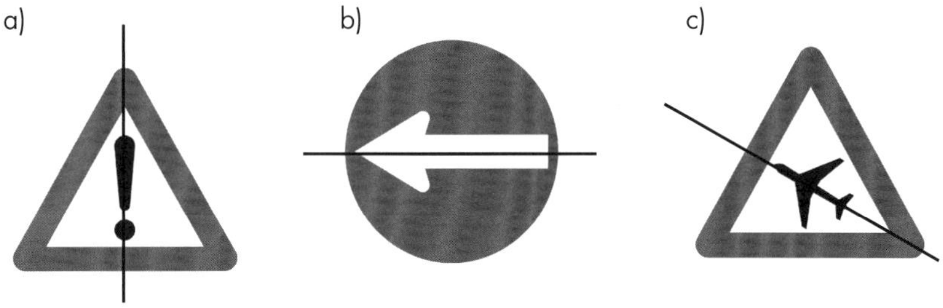

479 a) b) c)

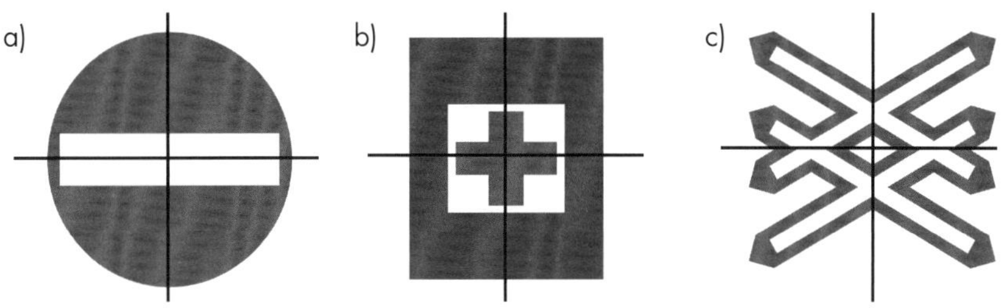

480 a) b) c) d)

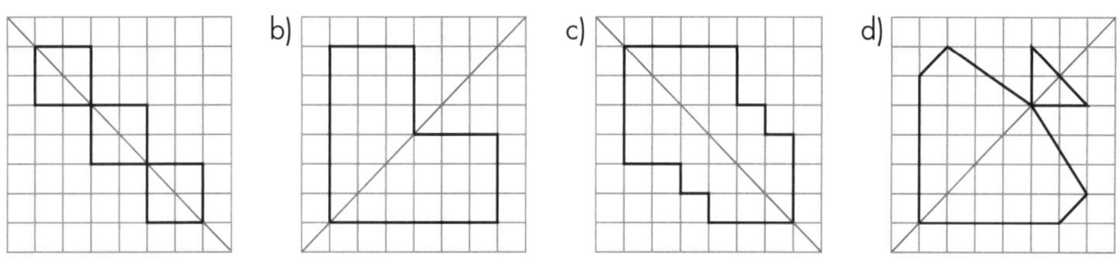

481 b)

482 a) b) c) d) (Zeichnungen verkleinert)

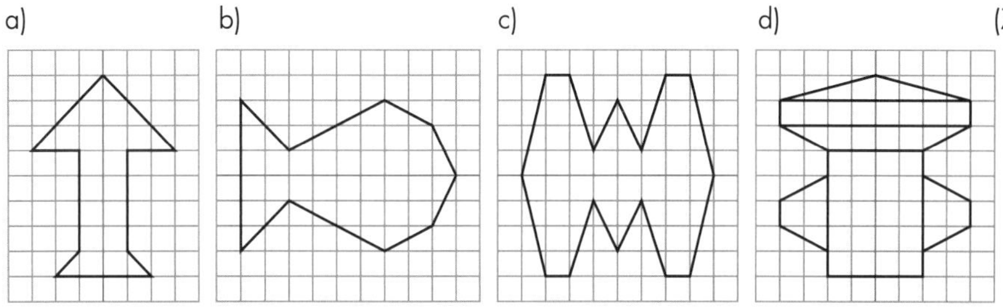

483 a)

b)

A	B	C	D	E	F	G	H	I	J	K*	L	M
1	1	1	1	1	0	0	2	2	0	1(0)	0	1
N	**O***	**P**	**Q**	**R**	**S**	**T**	**U**	**V**	**W**	**X**	**Y**	**Z**
0	2 (unendlich viele)	0	0	0	0	1	1	1	1	2	1	0

* Bei den Buchstaben K und O kommt es sehr auf die Schreibweise an. Das K wird manchmal symmetrisch geschrieben, manchmal nicht. Das O hat 2 oder unendlich viele Symmetrieachsen, wenn es kreisrund geschrieben wird.

484 EHE OTTO AUA HEXE

485 zB OHO oder OMO oder (AUA) oder UHU

486 a) KOCH b) BIKE c) DICKE d) ECKE

487 a)

b)

c)
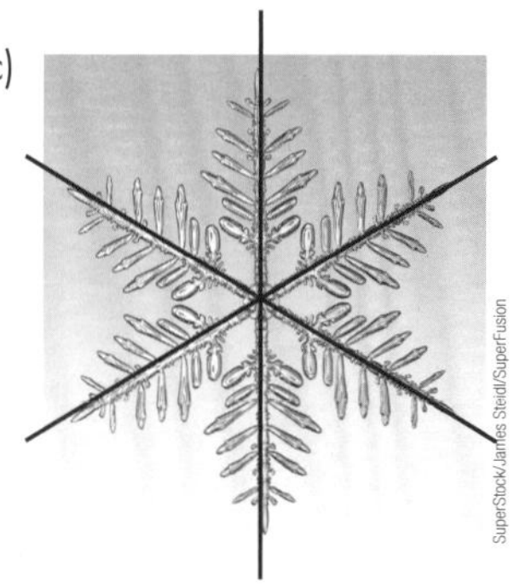

488 c)

489 Die Bilder bestehen jeweils aus Ziffern und deren Spiegelbildern.

490 a) 2 Achsen b) 4 Achsen c) 2 Achsen d) unendlich viele Achsen

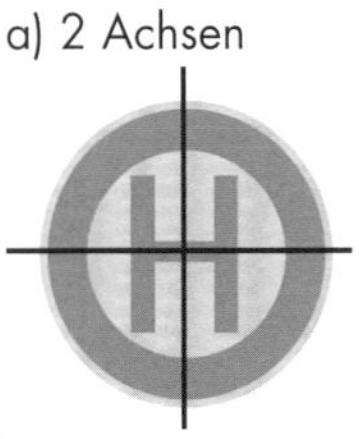
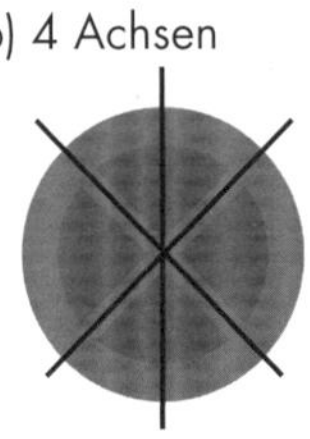
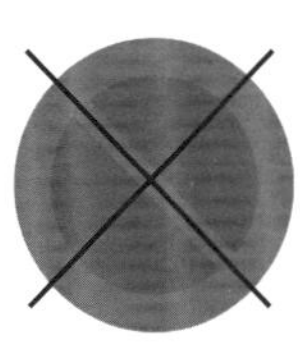
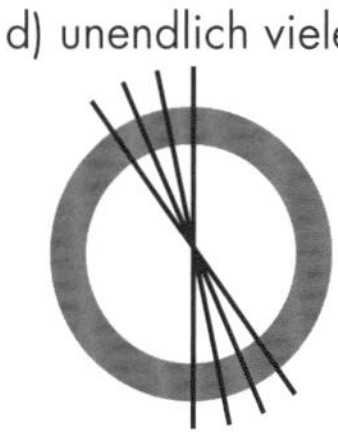

491 nur jeweils eine Symmetrieachse
a) Kanada b) Norwegen c) Italien

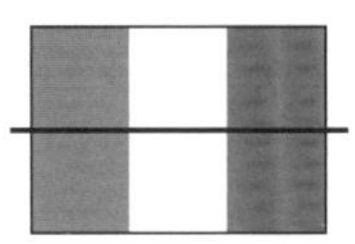

492 a) Kenia (1 Achse) b) Schottland (2 Achsen) c) Schweiz (4 Achsen)

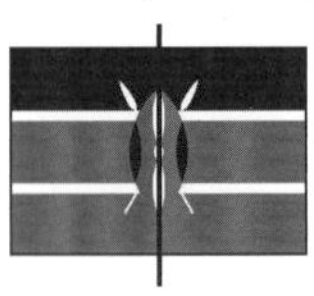

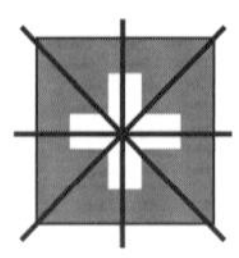

493 a) 5 Achsen b) 4 Achsen c) 1 Achse d) unendliche viele Achsen

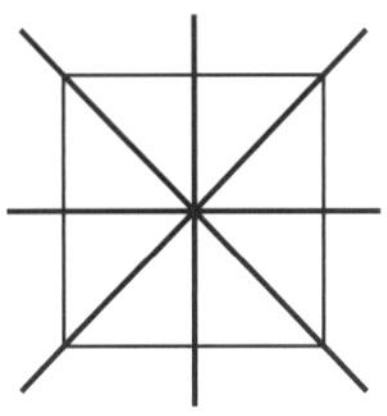
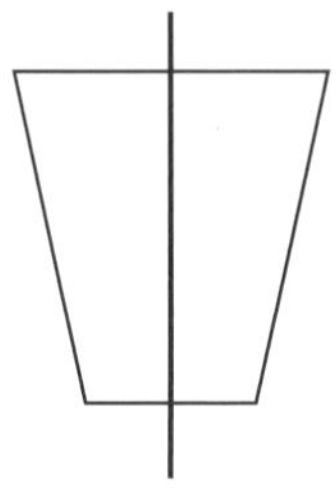
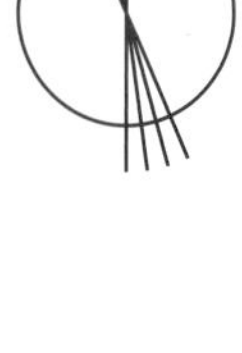

494 a) 5 Symmetrieebenen

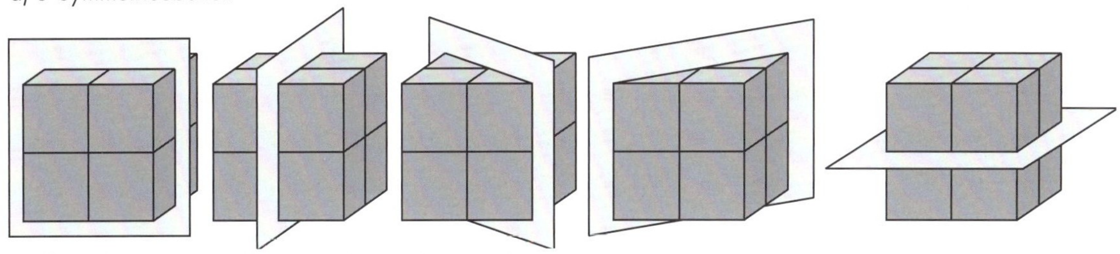

Es gibt noch mehr: zB schräg von hinten oben nach vorne unten
schräg unten nach oben
links oben nach rechts unten
links unten nach rechts oben
b) eine Symmetrieebene

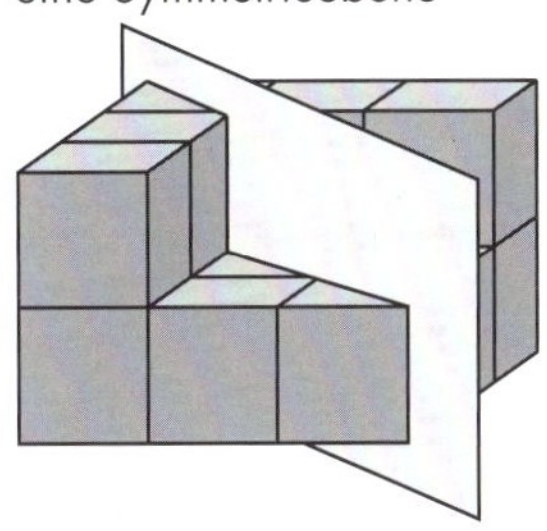

495 Diese Figur kann man nicht in deckungsgleiche Teile zerlegen.

496–499 Lösungen hinten im Schulbuch auf Seite 243.

Natürliche Zahlen 4

500	a) 44	b) 27	c) 75	d) 16
501	a) 83	b) 53	c) 124	d) 43
502	a) 58	b) 75	c) 42	d) 0
503	a) 34	b) 8	c) 81	d) 77
504	a) 35	b) 0	c) 77	d) 0
505	a) 59	b) 28	c) 161	
506	a) 110	b) 143	c) 0	
507	a) 178	b) 32	c) 161	
508	a) 30	b) 42		
509	a) 28	b) 29		
510	a) 28	b) 4	c) 4	
511	a) 49	b) 392	c) 5	
512	a) 77	b) 4	c) 5	
513	a) 5	b) 277		
514	a) 51	b) 15		
515	a) 6	b) 5		

516 Punkt- vor Strich Regel missachtet

517 a)

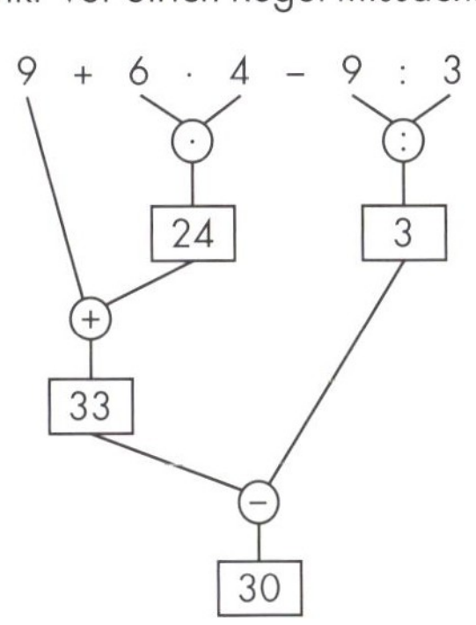

b)

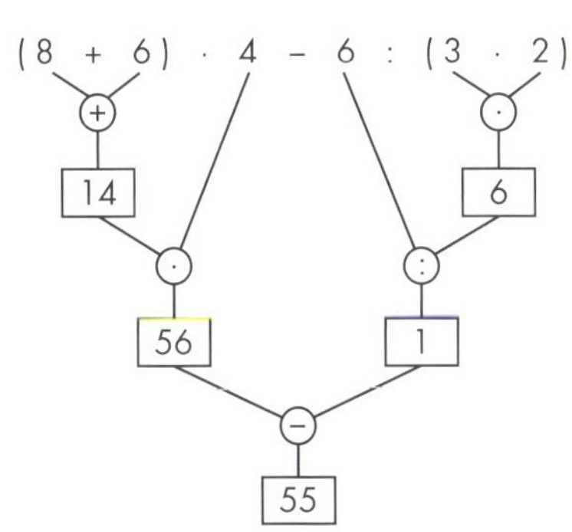

518 a) b)

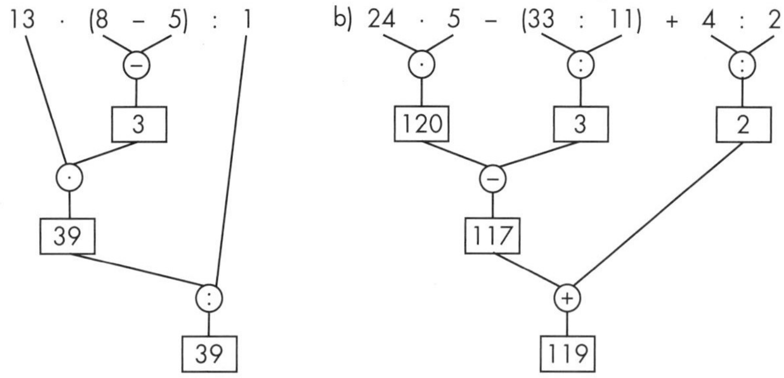

519 a) b)

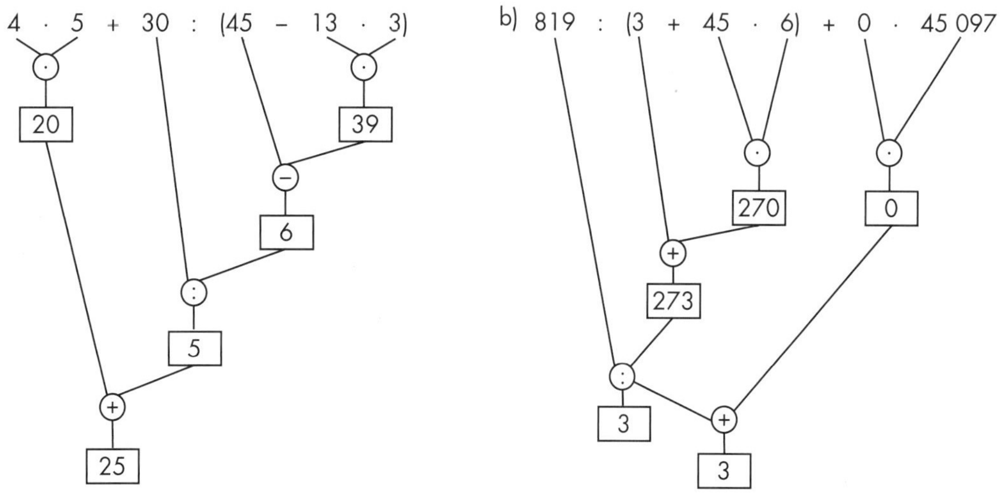

520 a) (219 – 123) : 3 = 32 b) 200 – (23 + 150) = 27

521 a) (19 + 21) · (21 – 19) = 80 b) (100 – 40) : (25 + 35) = 1

522 9 + 5 · (15 – 10) = 34
78 – 9 · (67 – 59) + 4 = 10
6 + 34 : 2 + 58 – 3 · (8 – 7) = 78
(7 + 3) · 5 + 7 + 3 · 5 – (4 + 5 · 2) = 58

523 b)

524 a) 15 · 3 + 5 · 3 + 7 = 45 + 15 + 7 = 67
15 · (3 + 5) · 3 + 7 = 15 · 8 · 3 + 7 = 367
15 · 3 + (5 · 3 + 7) = 45 + 22 = 67
15 · 3 + 5 · (3 + 7) = 45 + 50 = 95

b) 8 · 11 – 5 · 2 + 3 = 88 – 10 + 3 = 81
8 · 11 – 5 · (2 + 3) = 88 – 25 = 63
8 · (11 – 5 · 2) + 3 = 8 · 1 + 3 = 11
8 · (11 – 5) · (2 + 3) = 8 · 6 · 5 = 240

525 a) (18 + 2) : 5 = 4 b) 27 + (3 · 2) + 5 = 38 oder auch ohne Klammern!
c) (4 + 8) : 4 = 3 d) (4 + 4) : (2 - 1) = 8

526 a) Punkt vor Strich! 3 + (5 + 2 · 3) = 3 + 11 = 14
b) Klammer zuerst! (18 + 5) · 2 – 3 · 4 = 23 · 2 – 12 = 46 – 12 = 34

527 a) (45 + 12) · 2 = 45 · 2 + 12 · 2 = 90 + 24 = 114
b) (20 + 5) · 7 = 20 · 7 + 5 · 7 = 140 + 35 = 175
c) (25 + 3) · 4 = 25 · 4 + 3 · 4 = 100 + 12 = 112

528 a) 16 · 3 + 4 · 3 = (16 + 4) · 3 = 20 · 3 = 60
b) 43 · 7 – 3 · 7 = (43 – 3) · 7 = 40 · 7 = 280
c) 67 : 4 + 33 : 4 = (67 + 33) : 4 = 100 : 4 = 25

529 a) [18 + (13 – 5 · 2) · 2] · 3 + 5 = [18 + 3 · 2] · 3 + 5 = 24 · 3 + 5 = 77
b) 10 · [10 · (10 + 10 · 10) + 10] + 10 + 1 = 10 · [10 · 110 + 10] + 10 + 1 = 10 · 1 110 + 10 + 1 = 11 111

530 a) {2 · [2 · (2 + 2 · 2) + 2] + 2} · 2 + 2 = {2 · [2 · 6 + 2] + 2} · 2 + 2 = {2 · 14 + 2} · 2 + 2 = 30 · 2 + 2 = 62
b) 3 + {3 + 3 · [(3 + 3 · 3) + 3] + 3} = 3 + {3 + 3 · [12 + 3] + 3} = 3 + {3 + 3 · 15 + 3} = 3 + 51 = 54

531 a) 12 · 3 – 4 + 2 = 34 b) 18 : 2 · 5 + 6 = 51 c) 18 · 2 – 30 = 6 d) 39 : 3 + 7 = 20

532 Mögliche Lösung: 3 · (3 – 3 : 3) = 3 · (3 – 1) = 3 · 2 = 6

533 Mögliche Lösung: (4 · 4 – 4) : 4 = (16 – 4) : 4 = 12 : 4 = 3

534 Klammern zuerst, dabei immer Punkt- vor Strichrechnung

535 a)

$1 \cdot 9 + 2 = 11$
$12 \cdot 9 + 3 = 111$
$123 \cdot 9 + 4 = 1\,111$
$1234 \cdot 9 + 5 = 11\,111$
$12345 \cdot 9 + 6 = 111\,111$
$123456 \cdot 9 + 7 = 1\,111\,111$
$1234567 \cdot 9 + 8 = 11\,111\,111$
$12345678 \cdot 9 + 9 = 111\,111\,111$
$123456789 \cdot 9 + 10 = 1\,111\,111\,111$

b)

$9 \cdot 9 + 7 = 88$
$98 \cdot 9 + 6 = 888$
$987 \cdot 9 + 5 = 8\,888$
$9876 \cdot 9 + 4 = 88\,888$
$98765 \cdot 9 + 3 = 888\,888$
$987654 \cdot 9 + 2 = 8\,888\,888$
$9876543 \cdot 9 + 1 = 88\,888\,888$
$98765432 \cdot 9 + 0 = 888\,888\,888$
$987654321 \cdot 9 - 1 = 8\,888\,888\,888$

536

$1 \cdot 8 + 1 = 9$
$12 \cdot 8 + 2 = 98$
$123 \cdot 8 + 3 = 987$
$1234 \cdot 8 + 4 = 9\,876$
$12345 \cdot 8 + 5 = 98\,765$
$123456 \cdot 8 + 6 = 987\,654$
$1234567 \cdot 8 + 7 = 9\,876\,543$
$12345678 \cdot 8 + 8 = 98\,765\,432$
$123456789 \cdot 8 + 9 = 987\,654\,321$

537 zB Gedachte Zahl = 7.
$[(7 + 10) \cdot 5 - 50] : 5 = 7$
$[(x + 10) \cdot 5 - 50] : 5 = x$
Wenn du die Summe von 10 und der gedachten Zahl mit 5 multiplizierst, erhältst du das Fünffache der Zahl plus 50. Die 50 werden abgezogen. Das Fünffache der Zahl bleibt übrig und wird durch 5 dividiert. Daher kommt die gedachte Zahl wieder heraus.

538 zB Addiere zu einer gedachten Zahl 8 und multipliziere das Ergebnis mit 3. Subtrahiere nun 24 und dividiere das Ergebnis durch 3.
$[(x + 8) \cdot 3 - 24] : 3 = x$

539 a) $2 \cdot 2 \cdot 2 \cdot 2 \cdot 2 = 32$
b) $4 + 4 + 4 + 4 + 4 + 4 + 4 + 4$ oder $16 + 16$ oder $8 + 8 + 8 + 8$ oder
$2 + 2 + 2 + 2 + 2 + 2 + 2 + 2 + 2 + 2 + 2 + 2 + 2 + 2 + 2 + 2$
c) $4 \cdot 4 \cdot 4 = 64$
d) $2 \cdot 2 \cdot 2 \cdot 2 \cdot 2 \cdot 2 = 64$
e) $16 + 16 = 32$

540 a) ca. 62-mal b) ca. 155-mal

541 a) (60 t + 120 t + 252 t) · 8 = 432 t · 8 = 3 456 t
b) 3 456 t · 5 = 17 280 t.

542 a) (200 l – 3 · 20 l) : 2 l = 140 l : 2 l = 70 Flaschen b) viermal so viele, also 280 Flaschen

543 b)

544 Stefan ist 25 Jahre, Selina 5 Jahre alt.

545 a) Anna ist 16 Jahre und Martina ist 4 Jahre alt. Voriges Jahr war Anna 15 und Martina 3, also fünfmal so alt.
b) In 8 Jahren wird Anna 24 Jahre sein und damit doppelt so alt wie Anna, die dann 12 Jahre alt sein wird.

546 $(16 + 5) : 3 = 7$

547 $(50 : 5) - 7 = 3$

548 a) $(5 : 5 + 5) \cdot 5 = 30$ b) $(95 : 5 + 5) \cdot 5 = 120$

549 $1000 : 10 - 27 = 73$

550 (70 + 12 · 56) – 676 = 66 €

551 a) 4 b) 2 c) 1 d) 2

552 a) 8 Urgroßeltern und 16 Ururgroßeltern
b) 62 Vorfahren (2 + 4 + 8 + 16 + 32)
c) 6. Generation: 126 Vorfahren; 7. Generation: 254 Vorfahren; 8. Generation: 510 Vorfahren.

553 d)

554 Die Produktionskosten betragen 23 € (17 + 6). Der Umsatz muss 43 € betragen, damit die Klasse 20 € Gewinn macht.
43 € = 4 300 c; 4 300 : 50 = 86 Cent

55 a) Mögliche Lösung: $2 \cdot 2 \cdot 8 - 1 \cdot 2$ b) Mögliche Lösung: $2 \cdot 9 + 9 + 3 + 1$
c) Mögliche Lösung: $4 \cdot 5 - 2 \cdot 1 + 2 \cdot 5 + 2 \cdot 1$

56 a)

Produkt	4	0	3	6	7	3	1	0	0	0	0	24

Summe der Produkte: 48, nächste durch 10 teilbare Zahl ist 50, Differenz zu 50 ist 2 = Kontrollziffer!

557 a)

EAN	2	3	1	6	8	0	6	0	0	2	2	8
Multiplikator	1	3	1	3	1	3	1	3	1	3	1	3
Produkt	2	9	1	18	8	0	6	0	0	6	2	24

Kontrollziffer 4
80 – 76 = 4

b) EAN bedeutet Europäische Artikel-Nummer (European Article Number) und besteht aus 13 Ziffern. Es gibt diese Abkürzung seit 1977.

558 –

559 –

560 a) c)

561

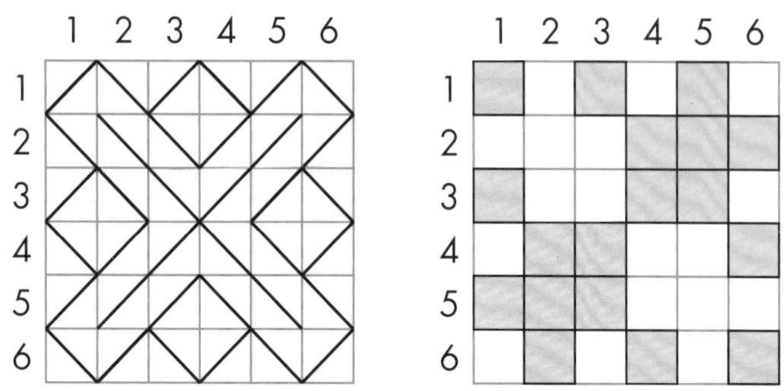

562 a) Divisor 7

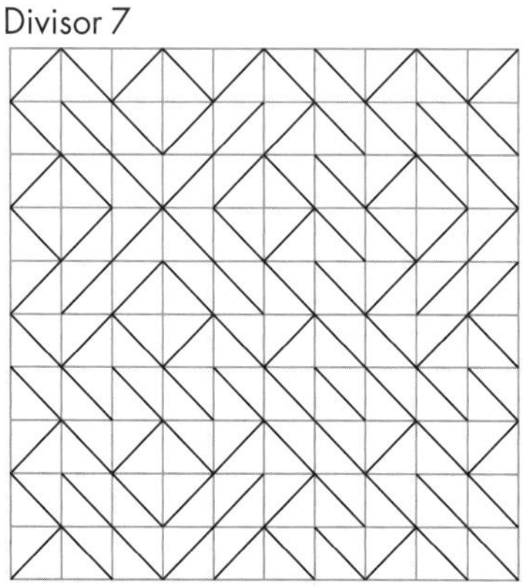

b) Divisor 9

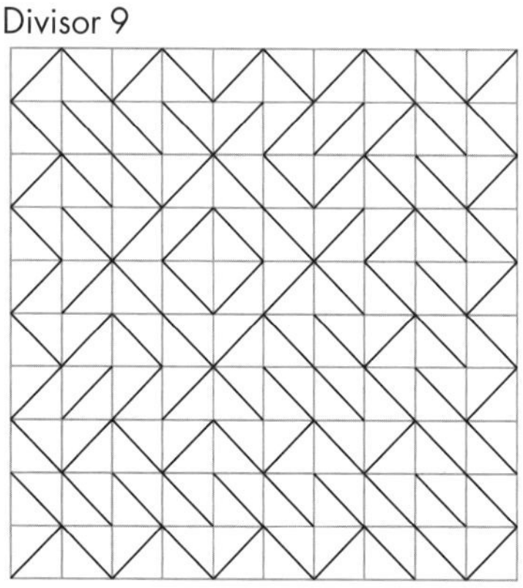

563

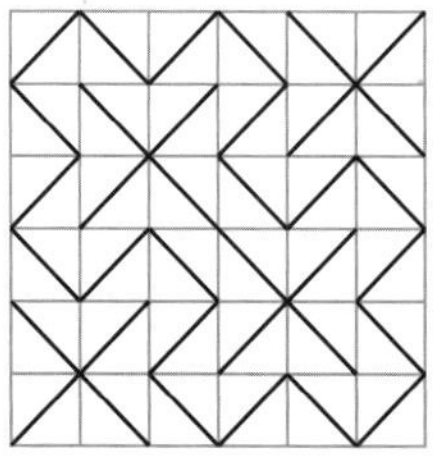

564 individuell

565

ISBN	3	7	0	5	8	6	4	6	0	2
Mulriplikator	10	9	8	7	6	5	4	3	2	
Produkt	30	63	0	35	48	30	16	18	0	

Summe der 9 Produkte: 240; Nächste Elferzahl: 242 (=22 · 11); Differenz: 242 – 240 = 2 (Kontrollziffer).

566 Ja, denn die Produktsumme ist 164 + x = 165; x = 1

567 individuell

568 Ja, sie kann null sein, wenn die Summe aller Produkte ein Vielfaches von 11 ist.

569–572 Lösungen hinten im Schulbuch auf Seite 243.

Einführung des Taschenrechners

573 a) 106; 574 b) 50; 12 c) 159; 1 809 d) 6; 24

574 a) 20; 115 b) 80; 11 c) 200; 25 d) 45; 92

575 a) 7 854; ÜR: 400 · 20 = 8 000 b) 35 636; ÜR: 600 · 60 = 36 000
c) 20 054; ÜR: 500 · 40 = 20 000 d) 39 298; ÜR: 800 · 50 = 40 000

576 a) 658; ÜR : 21 000 : 30 = 700 b) 390; ÜR: 28 000 : 70 = 400
c) 982; ÜR: 54 000 : 60 = 900 d) 398; ÜR: 32 000 : 80 = 400

577 a) 3 504 HOSE b) 38 317 LIEBE c) 7 353 ESEL d) 7 135 SEIL
e) 35 137 LEISE f) 73 935 SEGEL g) 35 308 BOESE h) 7 391 IGEL

578 SEI LEISE

579 a) 9 801 b) 8 712 c) 76 923 d) 857 142
Die Angabe taucht im Ergebnis seitenverkehrt auf.

580 a) 63 b) 18 c) 15 d) 66

581

a)	54	–	15	x	3	+	9	:	3	=	12		
b)	12	x	(	26	–	14	:	2	–	18	)	=	12
c)	(	8	+	124	)	:	(	29	–	17	)	=	11
d)	51	:	3	–	85	:	17	=	12				

582 c)

583 c)

584 Wenn du die Rechnung 4 : 4 + 4 eintippst, erscheint auf der Anzeige die Zahl 5.

585 123456789 · 0 = 0
Jede Zahl mal 0 ist Null

586

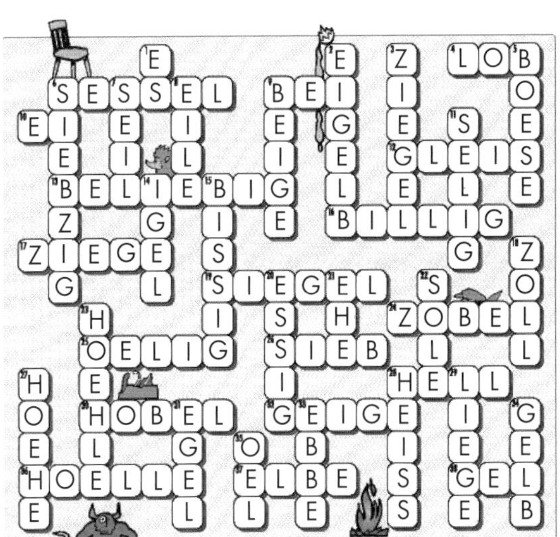

587 b), c)

588 Mögliche Lösungen: 99 + 99 : 99 = 100, (999 – 99) : 9 = 100

589 Als Ergebnis erhältst du die Zahl, die du dir ausgedacht hast. Richtige Aussagen sind: a) c) d)

Gleichungen

590 Addition: Summand + Summand = Summe; Subtraktion: Minuend – Subtrahend = Differenz
Multiplikation: Faktor · Faktor = Produkt; Division: Dividend : Divisor = Quotient

591 a) $4 \cdot x$ b) $x + 8$ c) $25 : x$ d) $x - 17$

592 a) $y = 13$ b) $z = 13$ c) $x = 5$ d) $x = 20$

593 a) $27 + x$ b) $x \cdot 12$ c) $15 - x$ d) $x : 7$

594 a) $x = 1$ b) $a = 26$ c) $k = 4$ d) $m = 35$

595 a) $x - 7 = 5;\ x = 12$ b) $x + 5 = 42;\ x = 37$ c) $x : 4 = 2;\ x = 8$ d) $x \cdot 6 = 30;\ x = 5$

596 $17 + x = 26;\ x = 9$

597 a) $c = 15$, $r = 17$ b) $f = 15$, $y = 4$ c) $t = 19$, $g = 15$ d) $m = 20$, $s = 53$

598 a) $b = 5$, $f = 5$ b) $m = 9$, $h = 12$ c) $v = 7$, $r = 25$ d) $t = 7$, $p = 7$

599 b)

600 a) $35 - x$ b) $x \cdot 2 + 4$ c) $x : 2 : 5$ d) $12 + 4 \cdot x$

601 a) $a = 17$, $e = 36$ b) $y = 6$, $b = 53$ c) $b = 6$, $g = 4$ d) $z = 4$, $x = 35$

602 a) $o = 22$, $k = 24$ b) $k = 26$, $s = 25$ c) $i = 2$, $n = 5$ d) $d = 80$, $m = 6$

603 a) $z = 11$, $f = 37$ b) $g = 69$, $v = 92$ c) $t = 0$, $a = 5$ d) $u = 1$, $h = 80$

604 a) $c = 18$, $h = 0$ b) $d = 7$, $e = 9$ c) $z = 8$, $p = 11$ d) $k = 8$, $n = 9$

605 a) $x + 21 = 33;\ x = 12$ b) $x \cdot 5 = 40;\ x = 8$

606 $7 + 5 + x = 20;\ x = 8$

607 a – 3, b – 5, c – 2, d – 1, e – 6, f – 4

608 a) $2 \cdot x + 25$ b) $72 : (y - 6)$ c) $x \cdot y : 2$ d) $(a + 15) - b$
e) $f : g : 7$

609 a) $x = 4$ b) $x = 5$ c) $x = 3$ d) $x = 6$

610 a) $18 \cdot m - 17$ b) $(18 - g) \cdot 2$ c) $15 \cdot 2 \cdot k$ d) $(f : 4) + (x : y)$
e) $62 \cdot g + 92$

611 a) $32 + x = 58;\ x = 26$ b) $x : 8 = 14;\ x = 112$ c) $x - 17 = 14;\ x = 31$ d) $x - 18 = 29;\ x = 47$

612 a) $g = 1$ b) $h = 7$ c) $m = 2$ d) $t = 2$

613 a) $17 + x = 28;\ x = 11$ Kinder b) $x : 12 = 3\,700;\ x = 44\,400$ €

614 $347 + x = 768;\ x = 421$ Seiten

615 a) $165 + x = 229;\ x = 64$ € b) $208 : x = 26;\ x = 8$ €

616 Summand + Summand = Summe; Faktor · Faktor = Produkt
Minuend – Subtrahend = Differenz; Dividend : Divisor = Quotient

617 Ergebnis ist in jedem Fall 2! zB Zahl 6 Vorgänger 5 Nachfolger 7, dh $7 - 5 = 2$
Allgemein: $(x + 1) - (x - 1) = x + 1 - x + 1 = 2$

618 a) $(16 - s) : u$ b) $(a + r) \cdot k$ c) $(j + b) : (c - 15)$
d) $(a \cdot b) : (12 + w)$ e) $(x - t) \cdot 2 - g \cdot h$

619 a) $m = 0$ b) $s = 1$ c) $f = 1$ d) $t = 2$

620 a) $15 - 2 \cdot x = 9;\ x = 3$ b) $3 \cdot x - 2 \cdot x = 2;\ x = 2$
c) $4 \cdot x + 27 = 39;\ x = 3$ d) $2 \cdot x - 10 = 4;\ x = 7$

621 $(35 + 25) \cdot x = 3\,000;\ x = 50$ Die Spargelernte dauert 50 Tage.

622 a) $a = 2$ b) $b = 12$ c) $e = 4$ d) $g = 3$

623 $x \cdot (x + 1) = 20;\ x = 4$
Ich stelle die Frage: Welche zwei aufeinanderfolgenden Zahlen ergeben beim Multiplizieren 20?

624 405, 406, 407
Ich dividiere 1 218 durch 3, das ergibt die mittlere Zahl

625 $6 \cdot x = 300;\ x = 50$ $n \cdot x = 300;\ x = 300 : n$

626 $12 + x = 29;\ x = 17$

627 a) d) e)

628 $x + 3 + 3 + 3 + 3 + 3 - 3 - 3 - 3 - 3 = x + 3$

629 $x \cdot 5 \cdot 5 \cdot 5 \cdot 5 : 5 : 5 : 5 = x \cdot 5$

630 a) $a + 6$ b) $x + 5$ c) $t \cdot 3$ d) b

631 a) $x + 7$ b) $y \cdot 4$ c) $d - 3$ d) $m \cdot 20 : 3$

632 individuell

633 a) $7 + x = 10;\ x = 3$ b) $x - 3 \cdot 4 = 6;\ x = 18$

634 a) $5 \cdot x = 30;\ x = 6$ b) $60 : x = 12;\ x = 5$

635 a) Norbert: x Heinz: x + 6 $x + x + 6 = 90$
Norbert: 42 Jahre Heinz: 48 Jahre
b) In 5 Jahren sind sie gemeinsam 100 Jahre alt

636 $a - 2;\ b - 3;\ c - 1$

637–642 Lösungen hinten im Schulbuch auf Seite 243.

13 Bruchzahlen

643 a) $\frac{1}{3}$; $\frac{1}{10}$ b) $\frac{1}{5}$; $\frac{1}{8}$ c) $\frac{2}{8}$; $\frac{5}{6}$ d) $\frac{7}{10}$; $\frac{18}{100}$

644 a) 6, 12, 8, 16 b) $\frac{1}{6}$; $\frac{1}{12}$; $\frac{1}{8}$; $\frac{1}{16}$

645 a) $\frac{1}{2}$ b) $\frac{1}{4}$ c) $\frac{1}{8}$ d) $\frac{1}{5}$

646 verschiedene Lösungen, zB:

a) $\frac{1}{2}$ 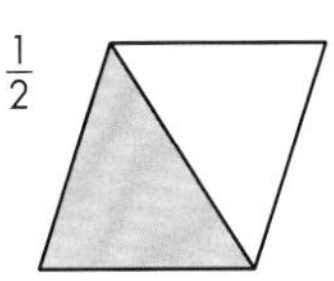 b) $\frac{1}{3}$ 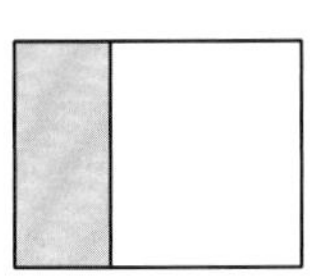 c) $\frac{1}{10}$ 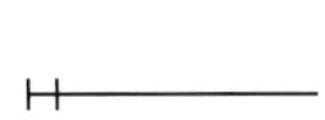 d) $\frac{1}{8}$ 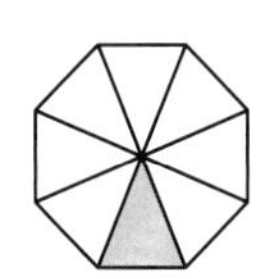

647 mehrere richtige Lösungen, zB:

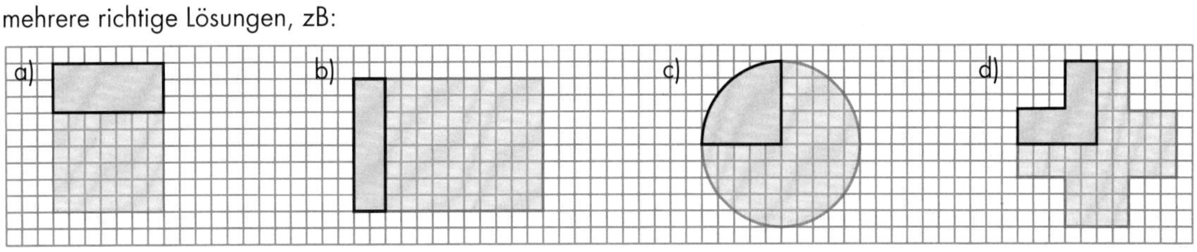

648 a) $\frac{2}{4}$ b) $\frac{3}{10}$ c) $\frac{8}{5}$

649 A) $\frac{1}{2}$ B) $\frac{5}{8}$ C) $\frac{2}{3}$ D) $\frac{2}{4}$

A und D sind gleich groß und wertgleich

650 a) und d)

651 mehrere richtige Lösungen
a) $\frac{3}{4}$ 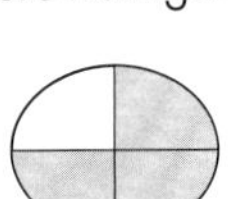 b) $\frac{2}{5}$ 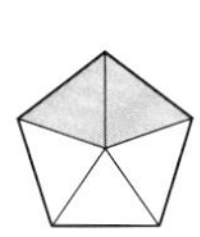 c) $\frac{5}{6}$ 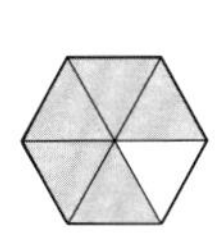 d) $\frac{7}{8}$ 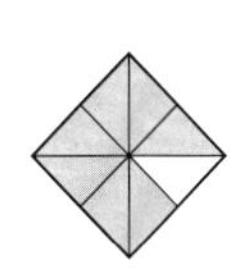

652 a) 24 mm; 16 mm b) 36 mm; 32 mm c) 8 mm;18 mm; d) 40 mm; 28 mm

653 echter Bruch: $\frac{1}{2}$; $\frac{2}{4}$ unechter Bruch: $\frac{9}{8}$; $\frac{6}{3}$; $\frac{8}{8}$ gemischte Zahl: $1\frac{2}{5}$; $6\frac{4}{6}$; $2\frac{3}{5}$

654 a) $\frac{11}{3}$ b) $\frac{16}{6}$ c) $\frac{27}{10}$ d) $\frac{38}{8}$

655 a) $\frac{33}{8}$ b) $\frac{52}{10}$ c) $\frac{37}{12}$ d) $\frac{98}{12}$

656 a) $\frac{11}{5}$ b) $\frac{38}{10}$ c) $\frac{29}{5}$ d) $\frac{1\,001}{100}$

657 a) $4\frac{2}{3}$; $3\frac{1}{2}$; $5\frac{1}{4}$; $2\frac{1}{6}$ b) $2\frac{1}{5}$; $8\frac{2}{3}$; $3\frac{3}{4}$; $3\frac{2}{6}$ c) $15\frac{1}{2}$; $13\frac{1}{3}$; $2\frac{5}{10}$; $1\frac{7}{8}$ d) $12\frac{3}{4}$; $9\frac{1}{2}$; $20\frac{2}{3}$; $10\frac{1}{10}$

658 a) 6; 5; $2\frac{2}{5}$; $1\frac{4}{6}$ b) 5; 3; $4\frac{4}{5}$; 8 c) $1\frac{3}{4}$; $4\frac{3}{5}$; 5; $7\frac{1}{5}$ d) 6; $4\frac{5}{8}$; 31; $6\frac{3}{10}$

659 a) 2; 1; $1\frac{2}{5}$; $1\frac{1}{9}$ b) 3; $2\frac{2}{3}$; $4\frac{1}{5}$; $2\frac{1}{2}$ c) $2\frac{3}{10}$; $1\frac{5}{7}$; $1\frac{2}{5}$; 2 d) $5\frac{1}{6}$; 2; 24; $4\frac{1}{4}$

660 mehrere richtige Lösungen, zB:

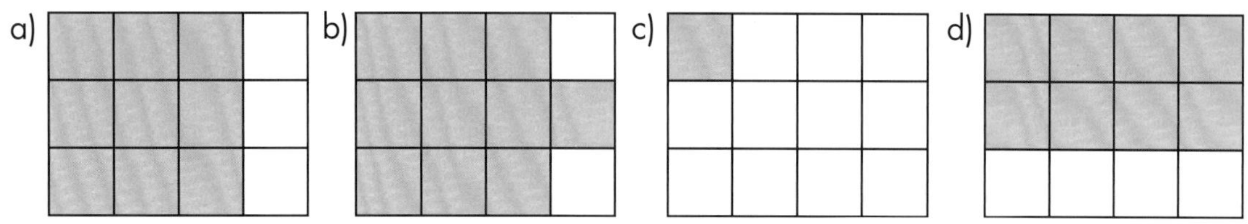

661 a)

662 a) $\frac{2}{4} < \frac{3}{4}$; $\frac{6}{8} < \frac{9}{8}$ b) $\frac{7}{10} > \frac{2}{10}$; $\frac{15}{10} > \frac{5}{10}$ c) $\frac{7}{5} > \frac{1}{5}$; $1 < \frac{8}{6}$ d) $1\frac{1}{3} > \frac{2}{3}$; $2\frac{3}{5} < 3\frac{2}{5}$

663 a) $\frac{1}{5} < \frac{3}{5} < \frac{4}{5}$ b) $\frac{1}{8} < \frac{2}{8} < 1\frac{1}{8}$ c) $\frac{3}{10} < \frac{6}{10} < \frac{14}{10}$ d) $\frac{2}{6} < \frac{4}{6} < \frac{8}{6} < \frac{11}{6}$

664 a) $\frac{3}{5} > \frac{3}{8}$; $\frac{2}{3} > \frac{2}{10}$ b) $\frac{2}{8} > \frac{2}{10}$; $\frac{7}{5} < \frac{7}{4}$ c) $\frac{4}{10} < \frac{4}{3}$; $1\frac{1}{2} > 1\frac{1}{4}$ d) $\frac{40}{1\,000} < \frac{40}{100}$; $\frac{7}{12} > \frac{7}{15}$

665 … wenn sie den kleineren Nenner haben

666 $\frac{5}{8}$; $1\frac{1}{4}$; $2\frac{1}{8}$; $2\frac{7}{8}$; $3\frac{1}{2}$

667

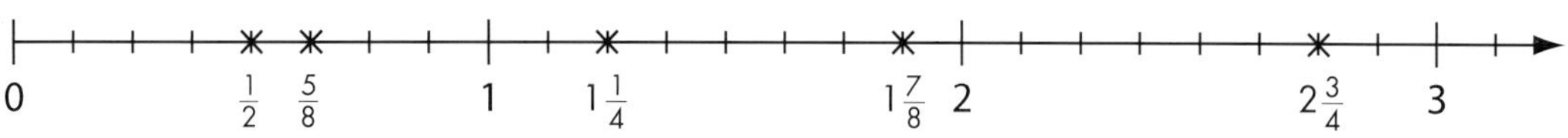

668

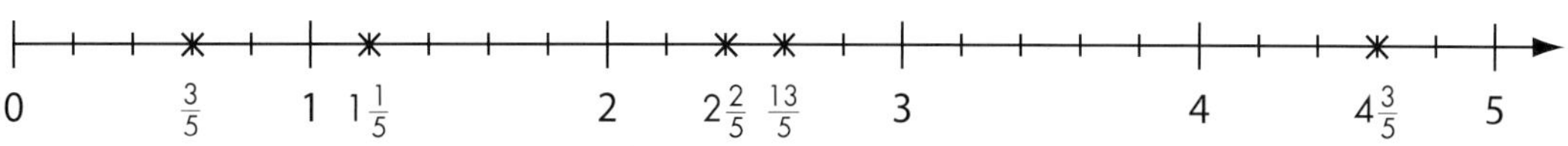

669

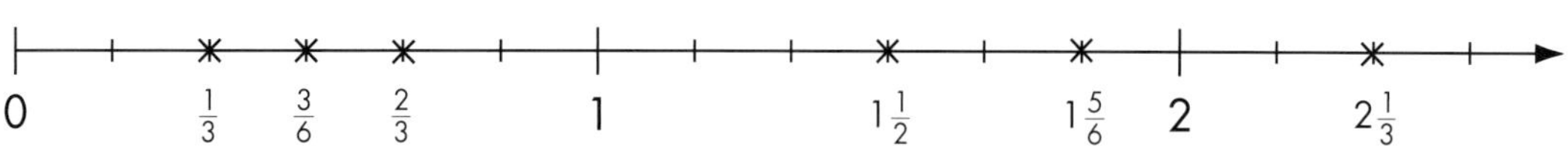

670 a) $\frac{1}{3} < 1\frac{1}{2}$ b) $\frac{5}{6} > \frac{2}{3}$ c) $2\frac{1}{3} > 1\frac{5}{6}$ d) $1\frac{5}{6} > 1\frac{1}{2}$

671 a) $\frac{3}{4}$; $\frac{7}{8}$ b) $\frac{10}{100}$; $\frac{3}{100}$ c) $\frac{2}{10}$; $\frac{4}{10}$ d) $\frac{5}{2}$; $\frac{12}{27}$

672 zB 1 : 2; 2 : 4; 4 : 8; 3 : 6; als Bruch: $\frac{1}{2}$

673 a) $\frac{12}{5} > \frac{12}{8} > \frac{12}{10}$ b) $\frac{4}{10} > \frac{4}{100} > \frac{4}{1\,000}$

674 a) $\frac{12}{3}$; $\frac{12}{4}$ oder b) $\frac{4}{8}$; $\frac{4}{9}$. Der Nenner muss jeweils kleiner gewählt werden als die kleinste Zahl, die im Nenner schon vorkommt.

675 a) 5 cm; 12 cm b) 14 kg; 8 km c) 21 m; 20 m d) 10 cm; 27 kg

676 a) 45 €; 30 dag b) 160 kg; 120 km c) 28 m; 63 € d) 21 cm; 18 kg

677 a) 18 g b) 8 dag c) 217 € d) 300 g

678 Es sind noch 3 km bis zum Ziel. Sie wird weniger als eine Stunde brauchen, weil die Durchschnittsgeschwindigkeit zu Fuß circa 5 km/h beträgt.

679 Das sind 9 Bälle.

680 a) Er hat noch $\frac{1}{10}$ seiner Zwetschken. b) Er hat schon 450 kg Zwetschken verkauft.

681 a) Sie behält $\frac{1}{3}$ der Äpfel selbst. b) Sie schenkt ihrer Nichte 90 kg Äpfel.

682 Lotte behält 45 €. Antwort c)

683 Du musst 15 € für das Spiel bezahlen.

684 Blumen $\frac{1}{4}$; Wiese $\frac{1}{8}$; Gemüse $\frac{3}{8}$; Gartenhaus $\frac{1}{4}$

685 c)

686 10, 12, 15, 20 oder 24 Plätze

687

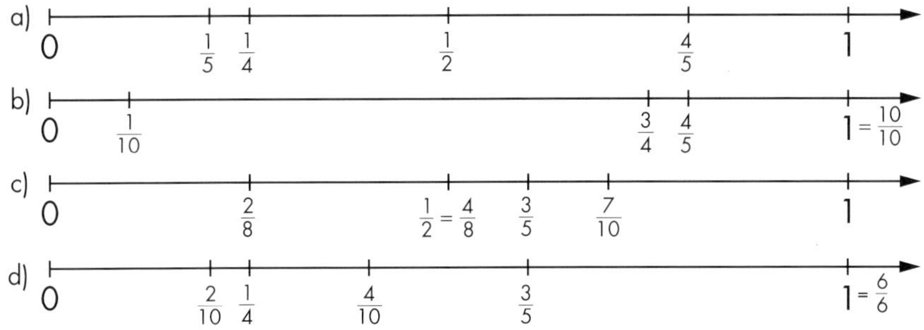

688 a) erste Zeile: 2; 4; 10; 12; 20
zweite Zeile: 5; 10; 25; 30; 50
dritte Zeile: 2,5; 5; 12,5; 15; 25

b) erste Zeile: 4; 12; 20; 16; 8
zweite Zeile: 2; 6; 10; 8; 4
dritte Zeile: 1; 3; 5; 4; 2

689

[a]1	8		[b]1		[c]2	[d]7
9		[e]9	0	0		5
	[f]1		5		[g]4	
[h]4	8	0		[i]7	0	0
	0		[i]4		4	
[k]7		[l]1	5	0		[m]7
[n]7	2		0		[o]9	0

690 a) Das Ganze ist 48. b) Das Ganze ist 45. c) Das Ganze ist 36. d) Das Ganze ist 45.

691 a) 20 m b) 90 kg c) 190 dag d) 16 cm

692 Zwei Flaschen sind noch voll.

693 a) Marlies hat 30 Punkte erreicht. Karen hat 34 Punkte erhalten.
b) Nein. Es gibt 3 Möglichkeiten, weil 31, 32 und 33 zwischen 30 und 34 liegen.

694 a) $\frac{3}{4}$; $\frac{7}{8}$ b) $\frac{3}{5}$; $\frac{8}{6}$ c) $\frac{4}{10}$; $\frac{12}{10}$ d) $\frac{7}{8}$; 1

695 a) $\frac{1}{4}$; $\frac{3}{8}$ b) $\frac{2}{5}$; $\frac{2}{6}$ c) $\frac{3}{10}$; $\frac{6}{10}$ d) $\frac{1}{8}$; $\frac{2}{12}$

696 Nein, nicht möglich, weil alle Brüche, von denen subtrahiert wird, echte Brüche sind.

697 a) $1\frac{1}{5}$; $1\frac{3}{8}$ b) $1\frac{4}{10}$; $1\frac{1}{3}$ c) $1\frac{2}{5}$; $1\frac{3}{6}$ d) $1\frac{5}{8}$; $1\frac{6}{10}$

698 a) 2; $4\frac{1}{8}$ b) $5\frac{2}{5}$; $3\frac{1}{6}$ c) $6\frac{1}{6}$; 9 d) 2 Ergebnisse

699 a) $\frac{2}{4}$; $1\frac{5}{8}$ b) $1\frac{1}{5}$; $3\frac{1}{10}$ c) $3\frac{1}{10}$; $3\frac{46}{100}$

700 a) $\frac{1}{2}$ b) $1\frac{8}{10}$ c) $4\frac{1}{2}$ d) $\frac{4}{5}$

701 a) $\frac{5}{8}$ b) $5\frac{2}{3}$ c) $5\frac{1}{7}$ d) $5\frac{3}{4}$

Es kann keine natürliche Zahl als Ergebnis geben, weil alle gemischten Zahlen unterschiedliche echte Brüche beinhalten.

702 a) $\frac{3}{5}$; $\frac{4}{8}$ b) $\frac{2}{6}$; $\frac{5}{10}$ c) $\frac{8}{10}$; $\frac{4}{5}$ d) $\frac{9}{10}$; $\frac{14}{100}$

703 a) $1\frac{4}{5}$; $1\frac{6}{8}$ b) $1\frac{4}{6}$; $3\frac{4}{8}$ c) $2\frac{2}{8}$; $1\frac{6}{10}$ d) 9; $10\frac{4}{8}$

704 a) $3\frac{3}{5}$; 3 b) 6; $8\frac{4}{10}$ c) $3\frac{1}{3}$; 8 d) $25\frac{4}{8}$; 14

705 a) $\frac{2}{5}$; $\frac{1}{10}$ b) $\frac{2}{10}$; $\frac{2}{10}$ c) $\frac{2}{10}$; $\frac{2}{10}$ d) $1\frac{2}{5}$; $\frac{3}{10}$

Zwei Zehntel kommt 4 mal vor

706 a) $\frac{4}{5}$ b) $\frac{4}{5}$ c) $\frac{2}{8}$ d) $1\frac{2}{5}$

707 a) $\frac{4}{8}$ b) $1\frac{3}{10}$ c) $\frac{8}{10}$ d) $1\frac{8}{10}$

708 In 8 dieser Flaschen sind $5\frac{6}{10}$ l Apfelsaft.

709 Man muss $2\frac{3}{8}$ addieren.

710 Ich erhalte $7\frac{5}{6}$.

711 Jeder erhält ein halbes Kilo Kirschen.
Alle Antworten können richtig sein, wenn jeder damit zufrieden ist.

712 a)

+	$\frac{1}{6}$	$\frac{2}{6}$	$\frac{5}{6}$
$\frac{1}{6}$	$\frac{2}{6}$	$\frac{3}{6}$	1
$1\frac{2}{6}$	$1\frac{3}{6}$	$1\frac{4}{6}$	$2\frac{1}{6}$

b)

−	$\frac{1}{8}$	$\frac{3}{8}$	$1\frac{1}{8}$	$2\frac{7}{8}$
3	$2\frac{7}{8}$	$2\frac{5}{8}$	$1\frac{7}{8}$	$\frac{1}{8}$
$4\frac{1}{8}$	4	$3\frac{6}{8}$	3	$1\frac{2}{8}$

713 Karotten: 2 g; Haselnüsse: 600 g; Äpfel: 4g; Salami: 500 g; Eis: 40 g

714 a)

·	2	4	3	6	5
$\frac{1}{2}$	1	2	$1\frac{1}{2}$	3	$2\frac{1}{2}$
$\frac{1}{4}$	$\frac{2}{4}$	1	$\frac{3}{4}$	$1\frac{2}{4}$	$1\frac{1}{4}$
$\frac{3}{8}$	$\frac{6}{8}$	$1\frac{4}{8}$	$1\frac{1}{8}$	$2\frac{2}{8}$	$1\frac{7}{8}$

b)

·	7	15
$2\frac{3}{10}$	$16\frac{1}{10}$	$34\frac{5}{10}$
$9\frac{2}{3}$	$67\frac{2}{3}$	145

715

$4\cdot\frac{3}{7}$	$7\cdot\frac{7}{10}$	$9\cdot\frac{3}{4}$	$5\cdot\frac{3}{8}$	$4\cdot\frac{8}{9}$	$8\cdot\frac{3}{8}$	$6\cdot\frac{3}{5}$	$9\cdot\frac{4}{5}$	$10\cdot\frac{2}{3}$	$12\cdot\frac{5}{6}$
=	=	=	=	=	=	=	=	=	=
$3\frac{5}{9}$	$1\frac{7}{8}$	$6\frac{3}{4}$	$4\frac{9}{10}$	$1\frac{5}{7}$	10	$6\frac{2}{3}$	$7\frac{1}{5}$	$3\frac{3}{5}$	3

716 Ihr Milchverbrauch im April ist $37\frac{1}{2}$ l Milch.

717 Nicole gibt 4 € für ihre Lieblingszeitschrift aus, 6 € für Naschereien und 18 € für Kino.
Sie kann noch 8 € sparen.

718 c)

719 a) 50 mm b) 68 cm c) 2 500 m d) 200 cm

720 a) 400 kg; 600 kg b) 750 g; 25 g c) 12 g; 400 g

721 Lösungswort: Multimedia.

a) $\frac{5}{8}\cdot 3 = \frac{15}{8}$ b) $\frac{4}{5}\cdot 7 = \frac{28}{5}$ c) $\frac{9}{8}\cdot 3 = \frac{27}{8}$ d) $\frac{5}{7}\cdot 3 = 2\frac{1}{7}$ e) $\frac{8}{4}\cdot 3 = 6$

f) $\frac{1}{5}\cdot 3 = \frac{3}{5}$ g) $\frac{4}{6}\cdot 5 = \frac{10}{3}$ h) $\frac{4}{6}\cdot 3 = 2$ i) $\frac{2}{3}\cdot 5 = \frac{10}{3}$ j) $\frac{4}{7}\cdot 9 = 5\frac{1}{7}$

722 a) $1\frac{6}{10}$ b) $4\frac{2}{8}$ c) $2\frac{3}{6}$

723 a) $5\frac{1}{10}$ b) $\frac{4}{5}$ c) 1

724 $7\frac{1}{2}$; $18\frac{3}{4}$ $4\frac{1}{6}$; $20\frac{1}{4}$ $8\frac{3}{8}$; $9\frac{2}{7}$

725 $\frac{3}{5}$ Der Quotient ändert sich nicht, wenn Dividend und Divisor mit der gleichen Zahl multipliziert oder durch die gleiche Zahl dividiert werden.

726 Lösungswort: Computerspiele

727 $\frac{8}{5} \rightarrow \frac{21}{8} \rightarrow \frac{6}{9} \rightarrow 1 \rightarrow 2 \rightarrow \frac{25}{12} \rightarrow \frac{12}{7} \rightarrow \frac{1}{8} \rightarrow \frac{1}{4} \rightarrow \frac{10}{3} \rightarrow \frac{6}{11} \rightarrow \frac{7}{2}$

728 a) b) d) c) oder a) d) b) c) oder c) b) d) a) oder c) d) b) a)

729–739 Lösungen hinten im Schulbuch auf Seite 243.

Rechteck und Quadrat 1

740 Miss zur Kontrolle die Diagonale!
a) d = 64 mm b) d = 43 mm c) d = 85 mm d) d = 52 mm

741 Miss zur Kontrolle die Diagonale!
a) d = 50 mm b) d = 82 mm c) d = 65 mm d) d = 83 mm

742 a) u = 36 cm b) u = 12 dm c) u = 48 m d) u = 80 km

743 a) u = 28 cm b) u = 44 m c) u = 130 m d) u = 230 mm

744 a) Miss die Diagonale! d = 64 mm; 4 Symmetrieachsen
b) Miss die Diagonale! d = 86 mm; 2 Symmetrieachsen

745 a) 4 b) 2 Durch die Faltung muss Deckungsgleichheit entstehen

746 Miss die rechten Winkel und gleich lange Seiten nach

747 Miss die Seiten nach, sie müssen gleich lang und im rechten Winkel sein

748 860 m

749 nein; 18,4 m Der Wärmeverlust durch die Fensterritzen sollte möglichst minimiert werden.

750 4 690 m

751 a) u = 800 cm b) u = 442 cm
c) u = 316 cm

752 Miss die Seiten und Winkel nach

753 individuell

754 a) u = 48 cm b) u = 92 dm c) u = 180 m d) u = 72 mm
e) u = 68 cm f) u = 120 dm g) u = 54 m h) u = 760 mm

755 a) w b) w c) w d) f e) w

756 Miss die Diagonale!
a) d = 31 mm b) d = 66 mm c) d = 49 mm d) d = 27 mm

757 Miss die Diagonale!
a) d = 40 mm b) d = 76 mm c) d = 59 mm d) d = 65 mm

758 a) u = 224 cm b) u = 36 dm c) u = 288 m d) u = 324 km

759 a) u = 136 cm b) u = 154 m c) u = 2 920 mm d) u = 86 dm

760 Miss die Seite b = 29 mm!

761 Miss die Seite a = 25 mm!

762 Miss entsprechende Seiten nach!

763 Miss entsprechende Seiten nach!

764 AB = 3,25 cm

765 AD = 43,3 mm

766 a) $u = 2 \cdot (g + f)$ b) $u = 2 \cdot (x + y)$ c) $u = 2 \cdot (w + v)$ doppelte

767 a) a = 41 cm b) a = 81 dm c) a = 300 cm d) a = 170 m

768 a) b = 23 m b) b = 13 cm c) a = 45 dm d) a = 77 cm

769 $(d + b) \cdot 2 = (8 + 3) \cdot 2 = 22$ cm

770 Miss die Seiten nach!

771 b = 297 mm

772 a) b = 15 cm b) b = 8 cm c) b = 11 cm d) 13 cm

773 240 cm

774 44 m

775 a = 21 m

776 431 m

777 a) u = 120 mm b) u = 96 mm c) u = 134 mm

778 a) u = 38 km b) u = 22 km c) u = 320 km

779 229 Pflanzen, Abschlusspflanze beachten, c)

780 a) u = 1 208 mm b) u = 592 mm c) u = 2 820 cm d) u = 8 024 mm e) 740 dm f) 6 540 mm

781 a) u = 160 mm b) u = 2 242 mm c) u = 3 068 cm d) u = 558 dm e) 650 cm f) 5 020 mm

782 a) $u = 2 \cdot (a + b + c + d + e)$ b) $u = 4 \cdot x + 8 \cdot y$ c) $2 \cdot (u + t)$

783 a) 4 100 € b) 3 480 € c) 1 928 €

784 a) $x = a - c$; $y = b - d$; $u = 2 \cdot (a + b)$ b) $x = e + f + g$; $y = a - c - b$; $u = 2 \cdot (a + x)$

785 Miss die Diagonale! d = 58 mm

786 u = 96 cm

787 690 cm die Borte muss an den Ecken gefaltet werden, um die Rundung auszugleichen
115 € 45 Cent

788 c = 43 mm

789 mögliche Lösung:

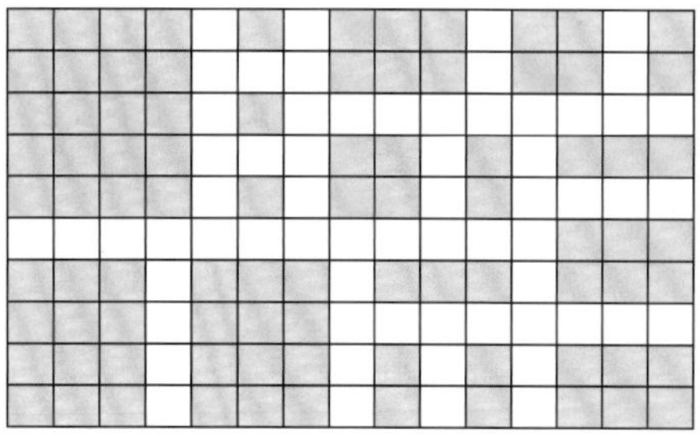

790 a) u = 40 cm b) u = 50 cm c) u = 70 cm d) nebeneinander u = 250 cm

791 Der Radius vom Umkreis ist die Entfernung vom Mittelpunkt zu einem Eckpunkt!

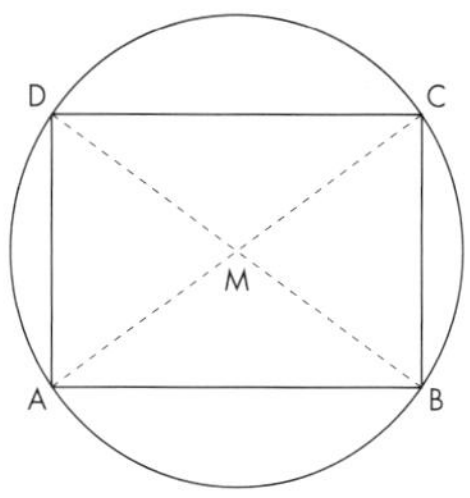

Durch das Zeichnen der Diagonalen ergibt sich der Schnittpunkt als Mittelpunkt des Rechtecks.

(Zeichnung verkleinert)

792 a) Umkreisradius: Entfernung von M zu einem Eckpunkt b) Inkreisradius: die kürzeste Entfernung vom Mittelpunkt zu einer Seite

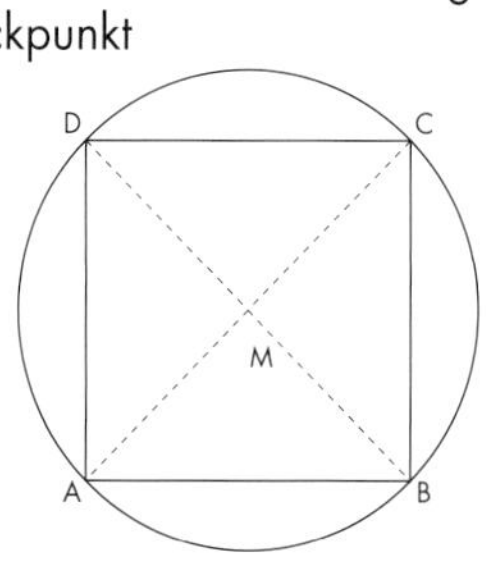

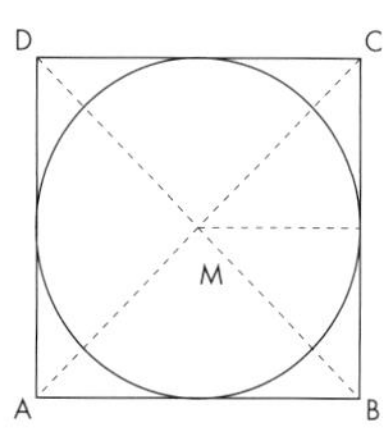

(Zeichnungen verkleinert)

793 Die Fäden sind gleich lang.

794 Das äußerste Quadrat hat 7 cm Seitenlänge. Keine eindeutige Lösung.

795 Das äußerste Rechteck hat eine Länge von 12 cm und eine Breite von 11 cm.

796 b = 56 cm Vorgehensweise: 3 – 2 – 1

797–802 Lösungen hinten im Schulbuch auf Seite 243.

Dezimalzahlen 1

803 a) 2E 5z; 8z b) 3E 4z 5h; 2E 7h c) 6E 2z 4h 5t; 1Z 1z 2t

804 a) 3,5; 5,2 b) 20,52; 3,04 c) 0,047; 0,205

805 a) $\frac{2}{10}$; $\frac{6}{10}$ b) $\frac{45}{100}$; $1\frac{48}{100}$ c) $\frac{12}{1\,000}$; $1\frac{709}{1\,000}$

806 a) 45z; 34h b) 6 324h; 4 026z c) 843t; 2 401t

807

	Dezimalzahl	Einheitenschreibweise	Dezimalbruch
a)	3,5	3E 5z	$3\frac{5}{10}$
b)	6,07	6E 7h	$6\frac{7}{100}$
c)	10,56	1Z 5z 6h	$10\frac{56}{100}$

808 a) 0,7; 0,04; 0,003 b) 0,5; 0,09; 0,015 c) 0,9; 0,12; 0,22 d) 0,1; 0,28; 0,256

809

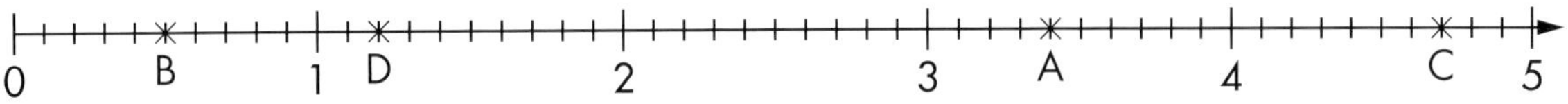

810

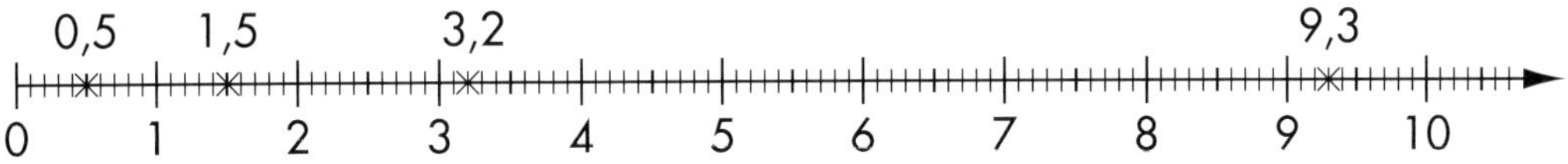

811 A) 0,3 B) 1,2 C) 2,1 D) 3,5 E) 4,9 F) 6,7 G) 7,4 H) 10,2
Lösung: b) d)

812

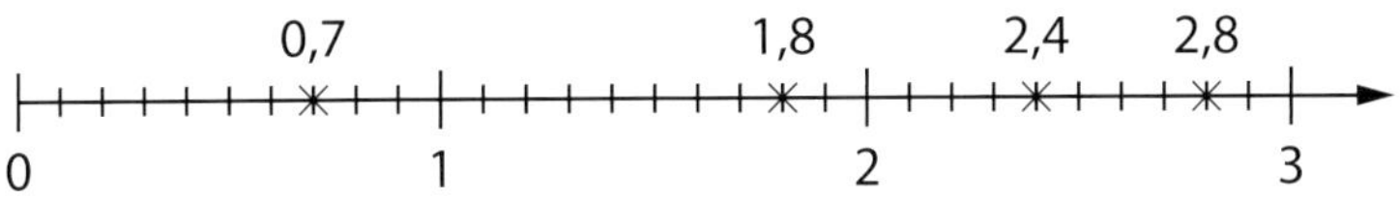

1 Einheit entspricht 3 cm.

813 a) 5,6 > 5,5; 2,5 < 5,2 b) 0,51 < 0,52; 9,4 > 9,1 c) 3,7 > 3,65; 8,46 < 8,64 d) 1,3 > 1,27; 4,51 < 4,55

814 a) 0,4 > 0,37; 0,8 > 0,79 b) 2,5 = 2,50; 8,42 < 8,421 c) 0,65 > 0,56; 1,24 < 1,43 d) 10,3 > 9,3; 0,31 < 0,41

815 a) 2,5 < 4,08 < 4,8 < 5,02 < 5,2 < 8,4 b) 1,222 < 10,02 < 10,12 < 10,2 < 10,22 < 12,2

816 a) 8,6 > 8,1 > 6,81 > 6,8 > 6,18 b) 21,2 > 21,02 > 20,2 > 20,12 > 12,20

817 a) 2,24 €; 1,10 € b) 0,25 €; 0,05 € c) 1,20 €; 3,40 €

818 a) 2,10 €; 5,20 € b) 3,25 €; 10,02 € c) 1,25 €; 2,67 € d) 0,07 €; 0,04 €

819 a) 2,6; 0,8; 1,7 b) 0,91; 1,91; 6,13 c) 10,0; 19,9; 128,9 d) 7; 10; 190

820 a) 2,3; 0,4 b) 89,2; 8,2 c) 127,8; 37,0 d) 35,3; 2,8
Wenn die Hundertstelstelle 5 oder größer ist, wird die Zehntelstelle um 1 größer, wenn die Hundertstelstelle kleiner als 5 ist, so bleibt die Zehntelstelle unverändert.

821 a) 2,00 € 25,00 € b) 1,00 € 9,00 € c) 4,00 € 28,00 € d) 176,00 € 90,00 €

822 a) 5 € b) 10 € c) 9 € d) 12 €

823 Konstantin hat nicht recht. Er hat am wenigsten Geld übrig: 4,05 €

824

Einheitenschreibweise	Dezimalzahl	Dezimalbruch
3E 2z 5h	3,25	$3\frac{25}{100}$
1h 1t	0,011	$\frac{11}{1\,000}$
5h 2t	0,052	$\frac{52}{1\,000}$
2Z 6t	20,006	$20\frac{6}{1\,000}$
4t	0,004	$\frac{4}{1\,000}$
8h 9t	0,089	$\frac{89}{1\,000}$

825 a) $\frac{5}{10}$; $2\frac{7}{10}$ b) $\frac{8}{10}$; $1\frac{7}{10}$ c) $\frac{76}{100}$; $2\frac{689}{1\,000}$ d) $\frac{623}{1\,000}$; $\frac{4}{1\,000}$

826 a) $\frac{5}{100}$; $\frac{22}{1\,000}$ b) $\frac{4}{1\,000}$; $\frac{2}{100}$ c) $\frac{3}{1\,000}$; $1\frac{902}{1\,000}$ d) $\frac{45}{1\,000}$; $2\frac{47}{1\,000}$

827 a) 3,6; 2,8 b) 7,9; 7,0 c) 3,518; 5,302 d) 4,24; 0,173

828 a) 3,23; 90,21; 0,92; 0,832 b) 20,3; 2,03; 0,012; 0,207

829

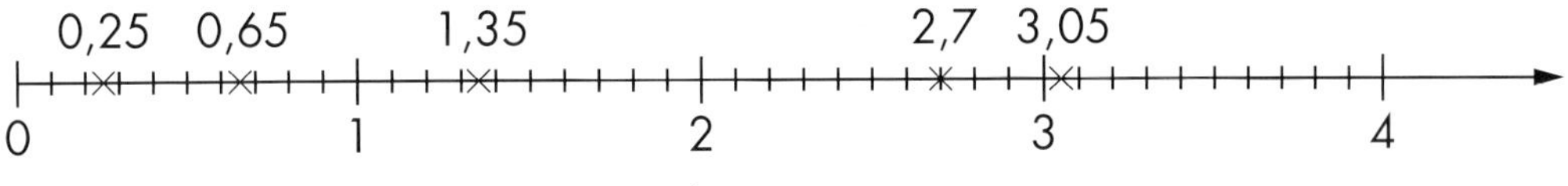

1 Einheit entspricht 3 cm.

830 a) 0,85 b) 1,3 c) 2,55 d) 5,235

831 FICHTE

832

Strecke	Zeit	Athletin	Jahr
100 m	10,5 s	Griffith-Joyner	1988
200 m	21,3 s	Griffith-Joyner	1988
400 m	47,6 s	Marita Koch	1985

Zeit	Athlet	Jahr
9,6 s	Tim Montgomery	2009
19,2 s	Michael Johnson	2009
43,2 s	Michael Johnson	1999

833 a) 5,8; 98,35; 908,30; 235,68; 0,98 b) 2,6; 0,93; 106,892; 90,97; 0,1

834 b)

835

km			m	dm	cm	mm
			3	1		
			4	4	5	
				6	2	

3,1 m
4,45 m
0,62 m

836 a) 2,45 km; 4,902 km b) 10,7 km; 3,07 km c) 25,065 km; 5,005 km d) 4,2 km; 2,004 km

837 a) 2 km 369 m
9 m 3 dm 7 cm 2 mm
b) 4 dm 5 cm 4 mm
3 dm 2 cm 8 mm
c) 8 km 350 m
90 km 500 m
d) 5 m 7 dm 3 cm
9 dm 2 cm 3 mm

838

t			kg		dag	g
			2	2	5	
		1	0	0	4	
			2	4	0	

2,25 kg
10,04 kg
2,40 kg

839 a) 4,56 t; 2,502 t b) 20,3 t; 8,03 t c) 3,075 t; 20,003 t d) 3,2 t; 2,003 t

840 a) 3 t 550 kg
20 t 257 kg
b) 35 kg 40 dag
7 kg 20 dag
c) 50 dag 4 g
2 dag 7 g
d) 3 kg 25 dag 8 g
87 dag 5 g

841 a) 3,4 m > 3,04 m
22,1 km < 22,12 km
b) 2,75 m > 2,57 m
0,8 m > 0,79 m
c) 76,2 dm = 7,62 m
24,2 cm < 242,2 cm

842 a) 2,8 kg > 2,08 kg
1,8 t > 180 kg
b) 35,4 dag > 3,54 dag
3,07 kg < 3,7 kg
c) 24,2 g < 2,5 dag
2,9 t > 2,899 t

843 a) 2 €; 35 €; 10 €; 24 €; 1 €
b) 25 €; 10 €; 22 €; 103 €; 3 €
c) 2 kg; 10 kg; 25 kg; 3 kg; 1 kg
d) 2 kg; 1 kg; 1 kg; 3 kg; 3 kg

844 a) c) d)

845 Der PKW und der Traktor passen durch die Einfahrt.

846 a) 7 cm; 1 cm; 3 cm; 280 cm; 26 cm b) 7 dag; 1 dag; 11 dag; 829 dag; 50 dag

847 a) 3,25 m; 2,7 km; 10,8 m; 20,02 m b) 4,8 t; 8,42 kg; 7,4 t; 1,125 t

848 a) 4,5 m > 430 cm > $4\frac{1}{4}$ m > 3,05 m b) $3\frac{3}{4}$ kg > 3,6 kg > 3,55 kg > 3 kg 50 dag

849 a) 245 mg; 58 mg b) 820 mg; 30 mg c) 0,025 g; 0,004 g

850 a) f; f b) r; f c) r; r

851 a) 345,6 cm; 242 dm b) 6,72 dm; 0,08 m c) 82,1 m; 0,02502 km

852 a) 3 500kg; 0,2305 t b) 0,014 kg; 672 g c) 0,7 kg; 30 kg

853 a) 2,8 kg; 1 t b) 2,43 €; 31,10 € c) 6,415 m; 25,27 dm

854 a) 16,27 kg Es wurde auf E gerundet.
b) 0,85 t 5 wurde abgerundet.
c) 24,48 m Es wurde falsch auf E gerundet.
d) 3,67 km Es wurde auf Zehntel gerundet.

855

a 1	b 4	c 7	d 2		e 2	f 5
	g 5	0	0	h 1		9
i 2	0	0		j 5	k 1	
2		l 4	m 9		n 8	o 7
p 5	0		q 1	r 4	3	5
0		s 6	0	6		0

856 a) Nährwert von 1g in Kilojoule:

Vollmilch: 2,6
Semmel: 11,6
Buttermilch: 1,4
Reis: 13,8
Butter: 32,9
Nudeln: 15,1
Eier: 6,3
Kartoffeln: 3,1
Schinken: 11,5
Apfel: 1,7
Hühnerfleisch: 7,2
Tomate: 0,8
Forelle: 1,5
Erdnüsse: 20,7
Hering: 6,5
Schokolade: 23,6

Ordnung nach Nährwert:

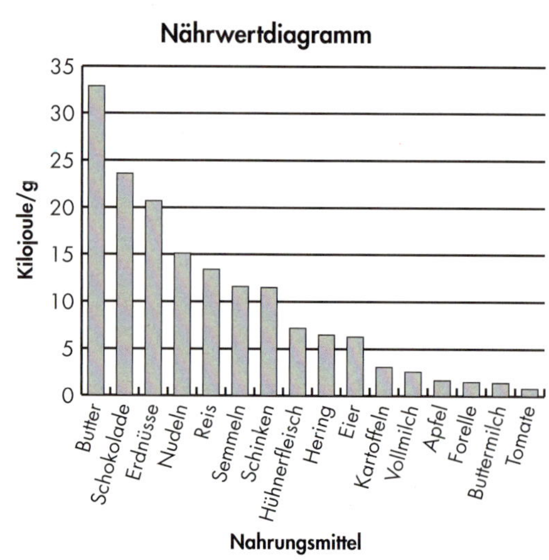

Butter – Schokolade – Erdnüsse – Nudeln – Reis – Semmel – Schinken – Hühnerfleisch – Hering – Eier – Kartoffeln – Vollmilch – Apfel – Forelle – Buttermilch – Tomate

857

	Fläche in km²		Fläche in km²		Fläche in km²
Bregenz	30	Linz	96	Klagenfurt	120
Eisenstadt	43	Innsbruck	105	Graz	128
Salzburg	66	St. Pölten	109		

Flächengrößen der Landeshauptstädte

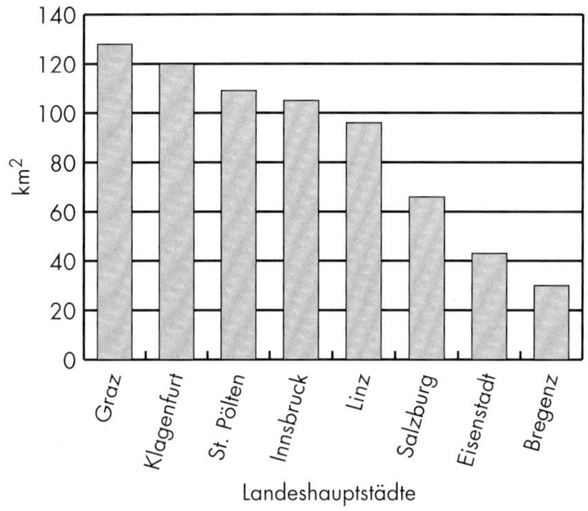

858 a) 245,3 b) 7 200,1

859 Richtige Lösungen: a) d)

860–867 Lösungen hinten im Schulbuch auf Seite 244.

16 Diagramme 2

868 Der Sektor der Mädchen misst etwa 150°, 13 Mädchen und 17 Burschen ist eine gute Schätzung, aber auch 12 Mädchen und 18 Burschen ist gut geschätzt.

869 360° : 3 = 120° (Land) und 240° (Wasser); Kreisdiagramm rechts

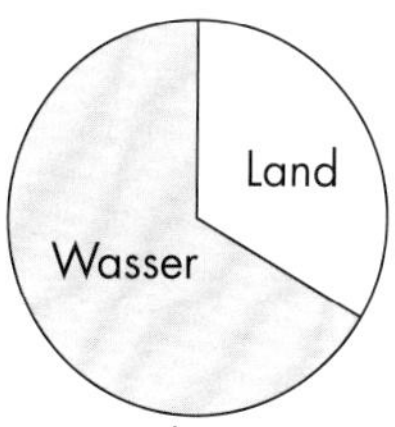

Kreisdiagramm zu Aufgabe 869

870 insgesamt 81 Personen:
360° : 81 = 4,444
45 Personen entsprechen 200°
36 Personen entsprechen 160°
Kreisdiagramm links

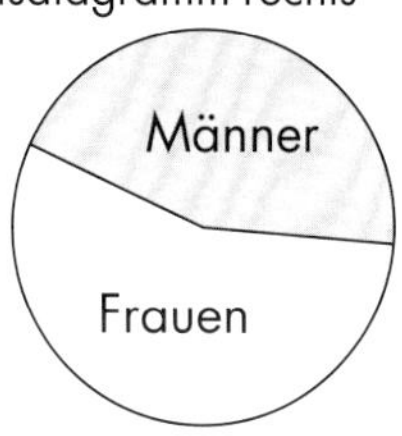

Kreisdiagramm zu Aufgabe 870

871 360 : 310 = 1,16 USA: 138° Deutschland: 52°
Österreich: 33° Frankreich: 42° Rest: 95°

872 Masse des Wassers: 100 – (3,3 + 4,8 + 3,8 + 0,6) = 87,5 g
Eiweiß 12°; Kohlenhydrat 17°; Fett 14°; Wasser 315°; Vitamine etc. 2°.

873 insgesamt 56 Mandate, 1 Mandat entspricht 360° : 56 = 6,43°; Kreisdiagramm rechts
ÖVP: 21 Mandate = 37,5 % = 135°
SPÖ: 11 Mandate = 19,6 % = 70,7°
Grüne: 6 Mandate = 10,7 % = 38,6°
FPÖ: 18 Mandate = 32,1 % = 115,7°

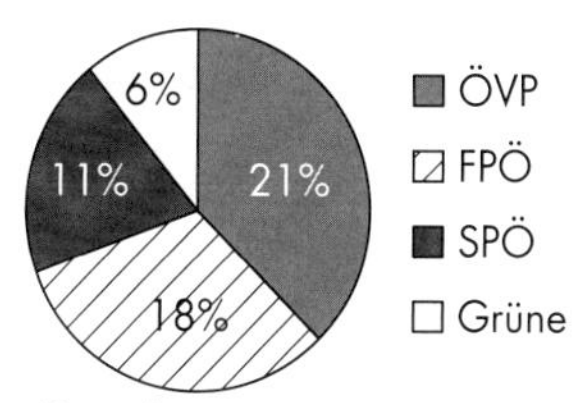

Kreisdiagramm zu Aufgabe 873

874 Die Angaben sind Schätzungen:
Wald ca 35 000 km²
Acker und Grünfläche ca 30 000 km²
Verbaute Fläche etwa 8 000 km²

875 individuell

876 a)

877 Miss die Winkel der Kreissektoren nach:

Salzburg-Stadt	140 000	98,8°
Hallein	50 000	35,3°
Salzburg Umgebung	140 000	98,8°
St. Johann im Pongau	80 000	56,5°
Tamsweg	20 000	14,1°
Zell am See	80 000	56,5°
gesamt	510 000	360°

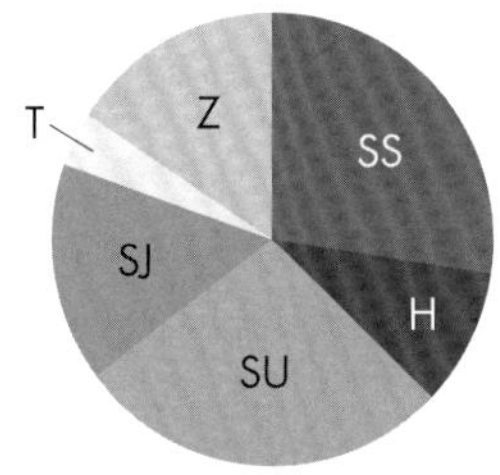

Genaue Gesamteinwohnerzahl: 515 327

878 Miss die Winkel der Kreissektoren nach:

Salzburg-Stadt	150 000	101,9°
Hallein	60 000	40,8°
Salzburg Umgebung	140 000	95,1°
St. Johann im Pongau	80 000	54,3°
Tamsweg	20 000	13,6°
Zell am See	80 000	54,3°
gesamt	530 000	360°

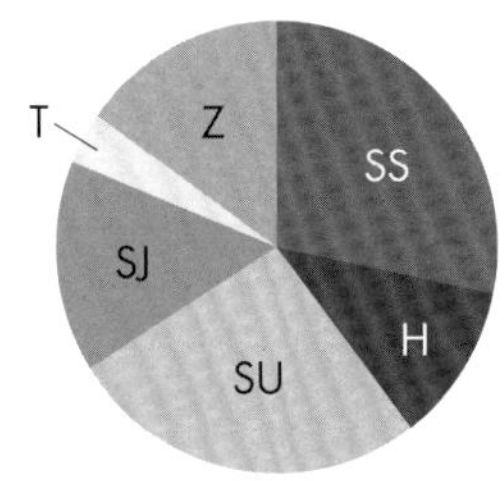

879

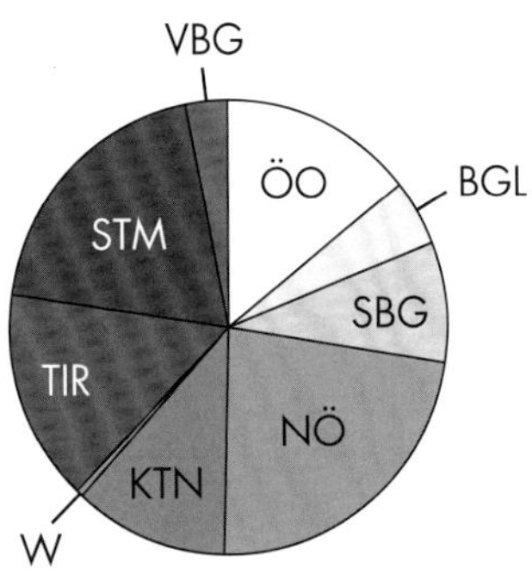

880 a) 148 Millionen km²

b)

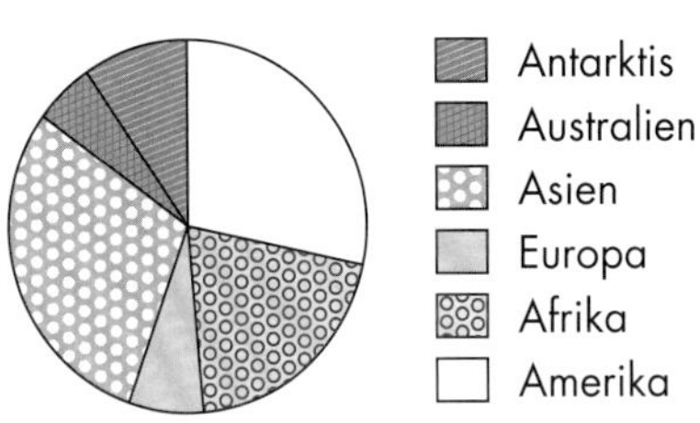

c)

Amerika	102°
Afrika	73°
Europa	24°
Asien	107°
Australien	19°
Antarktis	34°

881

A	38°
B	114°
C	76°
D	95°
E	38°

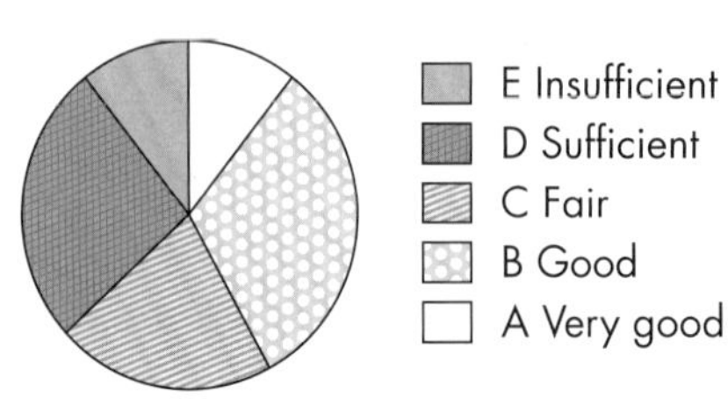

882 b) richtig müsste es heißen: … dann dividiere ich 360° durch 14

883–886 Lösungen hinten im Schulbuch auf Seite 244.

Dezimalzahlen 2

887 a) 9,0; 8,5 b) 8,0; 7,1 c) 10,1; 9,8

888 a) 602,7 b) 102,59 c) 43,34 d) 115,27

889 a) 47,59 b) 470,04 c) 9,663 d) 24,43

890 a) 47,7; ÜR: 4 + 35 + 9 = 48 b) 14,01; ÜR: 1 + 3 + 10 = 14
c) 74,47; ÜR: 10 + 56 + 8 = 74 d) 19,97; ÜR: 2 + 9 + 8 = 19

891 a) 6,8 b) 7,3 c) 3,9 d) 2,2

892 a) 2,5; 1,2 b) 2,5; 5,1 c) 5,9; 5,8

893 a) 23,2 b) 11,5 c) 797,6 d) 625,79

894 a) 17,08 b) 38,12 c) 399,53 d) 24,98

895 a) 28,1; ÜR: 63 – 35 = 28 b) 665,3; ÜR: 830 – 170 = 660
c) 268,16; ÜR: 290 – 25 = 265

896 a) 0,92 b) 14,05 c) 29,45

897 Alle Angaben sind ungerade Zahlen. Die Summe zweier ungerader Zahlen ist immer gerade, die Summer zweier gerader Zahlen ist ohnehin gerade.

15,6
8,0 | 7,6
4,2 | 3,8 | 3,8
2,2 | 2,0 | 1,8 | 2,0
0,7 | 1,5 | 0,5 | 1,3 | 0,7

898 a) 162,97 b) 100,962 c) 190,453 d) 31,294

899 a) 122,9; 148,16 b) 23,01; 727,31

900

	a+b	c – b	a+b+c
1)	2,4	22,0	24,6
2)	30,4	250	308,1
3)	27,28	0,008	29,768

901

34,6	+	56,2	+	85,23	=	176,03
9,2	+	12,56	+	23,6	=	45,36
2,78	+	8,3	+	9,36	=	20,44
46,58	+	77,06	+	118,19	=	241,83

902 a) 6,23 + 8,36 = 14,59 b) 53,57 + 27,91 = 81,48 c) 403,381 + 79,285 = 482,666

903 a) 36,1 + (125,8 + 2,2) = 36,1 + 128 = 164,1
b) 24,4 + 9,9 + 21,1 + 20,6 = (24,4 + 20,6) +(9,9 + 21,1) = 45 + 31 = 76
c) 28,1 + 76,9 + 5,5 + 9,5 = (28,1 + 76,9) + (5,5 + 9,5) = 105 + 15 = 120
d) 9,23 + 25,1 + 24,9 = 9,23 +(25,1 + 24,9) = 9,23 + 50 = 59,23
Verbindungsgesetz: a) b) c) d) Vertauschungsgesetz: b)

904 b)

905 Frau Dorninger hat insgesamt 128,5 l Diesel getankt.

906 Die volle Dose wiegt 77,5 dag.

907 Magdalena kann sich den neuen Tennisschläger leisten. Es bleiben ihr noch 6,50 € übrig.

908 Karina hat ein Guthaben von 150,72 €.

909 a) Die Teilnehmer der Radrundfahrt legen in fünf Tagen 104,3 km zurück.
b) Sie beginnen ihre Radtour in C und fahren nach B.

910

	a)	b)
Krems	1,25 km	
Wien: Reichsbrücke	864,5 m	um 385,5 m kürzer als Donaubrücke Krems
Mauthausen	0,573 km	um 291,5 m kürzer als Reichsbrücke
Hainburg	426 m	um 147 m kürzer als Donaubrücke Mauthausen
Linz: Nibelungenbrücke	0,255 km	um 171 m kürzer als Donaubrücke Hainburg

c) um 995 m

911 Der Unterschied beträgt 3,2.

912 Die Summe beträgt 69,1.

913 a) 1,80 €; 3,56 €; 0,75 €; 4,25 € b) 0,60 €; 1,30 €; 2,76 €; 6,01 €
c) 90,01 €; 9,10 €; 0,01 €; 10,01 €

914 c)

915 b) c)

916 a) 16,5 b) 84,8 c) 28,8 d) 33

917 a) 8,67 b) 26,9

918 a) 7,85 b) 23,64 c) 3,16 d) 32,06

919 a) 23,6 – 2,7 + 6,3 – 8,2 = (23,6 + 6,3) – (2,7 + 8,2) = 29,9 – 10,9 = 19
b) 87,2 + 83,2 – 29,1 – 78,2 = (87,2 + 83,2) – (29,1 + 78,2) = 170,4 – 107,3 = 63,1
c) 19,3 + 24,1 – 6,3 + 17,9 = (19,3 – 6,3) + (24,1 + 17,9) = 13 + 42 = 55
d) 53,1 – 17,3 – 14,8 – 4,2 + 29,7 = (53,1 + 29,7) – (17,3 + 14,8 + 4,2) = 82,8 – 36,3 = 46,5

920 a) 27,3 + 8,2 + 9,2 - 7,2 = 44,7 – 7,2 = 37,5
b) 20,4 – 7,3 – 0,8 + 8,2 – 0,4 = (20,4 + 8,2) – (7,3 + 0,8 + 0,4) = 28,6 – 8,5 = 20,1
c) (48,9 + 57,1) + 12,4 – 5 = 106 + 12,4 – 5 = 113,4
d) 31,3 – 13,4 + 12,7 + 19,3 = 31,3 + 12,7 + 19,3 – 13,4 = 63,3 – 13,4 = 49,9

921 a) 24,5 – 2,7 – 7,5 = 24,5 – (2,7 + 7,5) = 24,5 – 10,2 = 14,3
b) 74,6 + 4,4 – 3,2 – 3,8 = (74,6 + 4,4) – (3,2 + 3,8) = 79 – 7 = 72
c) 2,9 + 1,1 + 8,6 – 1,6 = 12,6 – 1,6 = 11
d) 6,8 – 4,7 + 3,2 – 1,3 = (6,8 + 3,2) – (4,7 + 1,3) = 10 – 6 = 4

922 c)

923 c) Du gibst insgesamt 4,55 € aus und es bleiben dir 45 c übrig.

924 Seine Rechnung lautet auf 119,30 €. Er bekommt 30,70 € zurück.

925 Der angezeigte Fehler beträgt 1 km.

926 Einnahmen insgesamt 625,70 €; Ausgaben insgesamt 89,60 €
Der Kontostand am Ende des Tages beträgt 5 208,70 €.

927 Sie verkauft insgesamt 1,65 kg Trockenfrüchte. Es sind noch 85 dag Früchte übrig.

928 Die restliche Fläche beträgt 1,15 ha.

929 Der Koffer wiegt 16,3 kg. Die Tennisausrüstung darf höchsten 3,7 kg schwer sein.

930 56,2 – (26,1 + 12,9) = 56,2 – 39 = 17,2

931 Der Subtrahend ist 10,3.

932 (24,7 – 18,1) + (45,1 + 38,5) = 6,6 + 83,6 = 90,2

933 The result is 17,4.

934 Die Zahlen werden subtrahiert, dann werden die beiden addiert, anschließend die Teilergebnisse addiert. Oder man verdoppelt nur die größere der beiden Zahlen.
$a + b + a - b = 2 \cdot a$

935 a) u = 15,7 cm b) u = 7,9 cm c) u = 19,6 cm d) u = 15,2 cm

936 1. 0,136 2. 1,1 3. 9,53 4. 0,2285 5. 0,332
6. 0,0246 7. 0,7928 8. 0,0908 9. 0,0016 10. 0,0791
11. 9,35 12. 0,0091 13. 1,325 14. 9,299 15. 0,0063
16. 1,581 17. 0,715 18. 0,1323 19. 9,107 20. 0,176

937 Ich bilde die Summe aus 3,9 und 1,1 = 5. Die Zahl 5 kann von 91 insgesamt 18 mal abgezogen werden, weil 18 mal 5 = 90

938–945 Lösungen hinten im Schulbuch auf Seite 244.

Dezimalzahlen 3

946 a) 1,2 b) 2,5 c) 6,3 d) 5,6

947 a) 0,8; 3,3 b) 2,0; 3,9 c) 1,8; 3,0 d) 4,8; 6,9

948 a) 7,2; ÜR: 2 · 3 = 6 b) 18,6; ÜR: 9 · 2 = 18
c) 20,1; ÜR: 7 · 3 = 21 d) 23,2; ÜR: 6 · 4 = 24

949 a) 12,69; ÜR: 4 · 3 = 12 b) 29,65; ÜR: 6 · 5 = 30
c) 51,24; ÜR: 9 · 6 = 54 d) 34,51; ÜR: 5 · 7 = 35

950 a) 83,30; ÜR: 2 · 35 = 70 16,90; ÜR: 0,5 · 30 = 15
b) 1 048,8; ÜR: 50 · 20 = 1 000 465,62; ÜR: 10 · 60 = 600
c) 1 383,2; ÜR: 20 · 60 = 1 200 1 513,2; ÜR: 40 · 40 = 1 600
d) 3 026,8; ÜR: 60 · 50 = 3 000 433,43; ÜR: 5 · 90 = 450

951 a) 25; 94,2 b) 7; 942 c) 930; 0,64

952 a) 36; 360; 3 600 b) 8,7; 87; 870 c) 8,53; 85,3; 853

953 a) 9 040 b) 1 134 c) 17 350 d) 1 646,2

954 a) ÜR: 600 · 50 = 30 000; 29 499,6 b) ÜR: 80 · 80 = 64 00; 6 569, 94
c) ÜR: 7 · 40 = 280; 286,26 d) ÜR: 0,1 · 35 = 3,5; 2,3754

955 a) 12 Flaschen Apfelsaft kosten 11,64 €. b) 12,00 € – 0,97 €

956 Sie legt in einer Woche 13 km Schulweg zurück.

957 Die Strecke ist 24 m lang.

958 Das Doppelte ist 29.

959 Das Fünffache beträgt 138.

960 Dein Mathematikbuch ohne Deckblatt ist ungefähr 13 mm dick (Annahme 125 Blatt).

961 Sie sind ungefähr um 0,75 cm gewachsen.

962 0,04 · 15 · 30 = 18,00 € Marco hat im Monat ca 18,00 € Telefonkosten.
Mit dem Jugendtarif könnte er sogar länger telefonieren und hätte nur die halben Kosten.

963 a) 0,2; 0,3 b) 0,4; 0,5 c) 0,3; 0,3

964 a) 6,3 b) 3,1 c) 1,32 d) 15,1

965 a) 2,2 b) 0,09 c) 1,63 d) 3,92

966 a) 7,75; 11,625; 168,6 b) 7,4; 24,5; 69,5

967 a) 46,5; 4,65; 0,465 b) 358,2; 35,82; 3,582 c) 2,5; 0,25; 0,025

968 a) 7,53; 1,42 b) 0,454; 2,02 c) 0,0773; 0,0083

969 a) 5,5; ÜR: 300 : 60 = 5 b) 1,5; ÜR: 100 : 50 = 2
c) 58,2; ÜR: 5 500 : 100 = 55 d) 0,25; ÜR: 180 : 600 = 0,3

970 a) 1,38 b) 3,4 c) 7,4 d) 9,2

971 MATHE IST DAS BESTE FACH

972 Jede Stufe ist 13,5 cm hoch.

973 Der Quadratmeterpreis beträgt 8,80 €.

974 Eine Flasche Mineralwasser kostet 0,35 €.

975 Es kommt darauf an, wie hoch seine Fahrtkosten zum Erdbeerland sind und ob er ausreichend Zeit zum Pflücken der Erdbeeren hat. Die Kosten für die Früchte unterscheiden sich um 7,80 €.

976 a) 0,08; 0,15 b) 0,28; 0,24 c) 0,1; 0,33

977 a) 1,3 · 2,4 = 3,12 b) 8,4 · 3,25 = 27,300 c) 13,8 · 12,7 = 175,26

978 a)

	0,1	0,01	0,001
150,2	15,02	1,502	0,1502
56,8	5,68	0,568	0,0568

b)

	0,1	0,01	0,001
120,1	12,01	1,201	0,1201
28,4	2,84	0,284	0,0284

979 a) 5,52; ÜR: 3 · 2 = 6 b) 15,98; ÜR: 5 · 3 = 15
c) 41,65; ÜR: 8 · 5 = 40 d) 26,04; ÜR: 9 · 3= 27

980 a) 3,46; 0,05 b) 0,0834; 0,026 c) 0,0247; 0,3691

981 a) 25,76; 25,76 b) 0,0975; 0,0975 c) 0,3451; 0,3451

982 a) 0,3 b) 33 c) 8,4

Lösungen Schulbuch

983 a) ÜR: 30 · 3 = 90; 93,609 ≈ 93,61 b) ÜR: 70 · 6 = 420; 393,936 ≈ 393,94
c) ÜR: 10 · 1= 10; 10,824 ≈ 10,82 d) ÜR: 1 · 10 = 10; 10,4248 ≈ 10,42

984

	x	y	z	x · y	y · z	x · y · z	(x · y) · z	x · (y · z)
a)	0,2	0,3	0,4	0,06	0,12	0,024	0,024	0,024
b)	1,5	2	0,2	3	0,4	0,6	0,6	0,6
c)	0,1	0,3	4	0,03	1,2	0,12	0,12	0,12

Hier gilt das Verbindungsgesetz.

985 a) ÜR: 4 · 120 = 480; 439,660 b) ÜR: 9 · 1 = 9; 7,90308 c) ÜR: 26 · 0,5 = 13; 13,7694

986 Frau Schnell verbraucht auf ihrer Dienstreise ungefähr 30,6 l Benzin.

987 Der Vorhang kostet 60,97 €.

988 Du bezahlst 1,94 € (gerundet). Das Angebot ist nicht günstiger.

989 a) 4,7 b) 3,2 c) 4,58 d) 16,2

990 a) 116,8 : 14,6 = 8,00; ÜR: 120 : 15 = 8 4,1 : 2,5 = 1,64; ÜR: 4 : 2 = 2
b) 6,5 : 2,6 = 2,5 0; ÜR: 6 : 3 = 2 51,2 : 3,2 = 16,00; ÜR: 51 : 3 = 17
c) 15 : 31,25 = 00,48; ÜR: 15 : 30 = 0,5 2,56 : 10,24 = 00,25; ÜR: 2 : 10 = 0,2

991 a) 8,6 : 0,04 > 0,86 : 4 b) 0,74 : 0,5 > 0,7 : 0,7 c) 2 : 0,4 < 4 : 0,2 d) 130 : 2,5 = 65 : 1,25

992 a) 240; ÜR: 1 500 : 6 = 250 b) 10,1; ÜR: 55 : 5 = 11 c) 7,3; ÜR: 42 : 6 = 7

993 a) 2,90 ≈ 2,9 b) 137,12 ≈ 137,1 c) 14,52 ≈ 14,5

994 b)

995 Es sind 4 000 Flüge erforderlich.

996 $A_1 = 49\ cm^2$ $A_2 = 24{,}5\ cm^2$ $A_3 = 12{,}25\ cm^2$ $A_4 = 6{,}125\ cm^2$ $A_5 = 3{,}0625\ cm^2$

997 a) 9,072 b) 3,8

998 d) Es wurden ungefähr 400 Karten verkauft; ÜR: 2400 : 6 = 400: Exakt waren es 437 Karten.

999 Sie muss noch 9,70 € bezahlen.

1000 Der Stückpreis beim Kauf von 6 Kugelschreibern ist 0,55 €.

1001 Eine Mütze kostete 33,55 €.

1002 Ein Kilogramm Kartoffel kostete 0,90 €.

1003 Für jeden Urlaubstag hat Markus noch 27,10 € zur Verfügung.

1004 a) 8,6 b) 23,6 c) 26 d) 76,4

1005 c) 0,87

1006 6,32

1007 28,38; 2 a · (b – c)

1008

x · y + z	x · (y + z)	x · y + x · z
13,5	28,5	28,5

1009 a) x = 6,5 b) 17,1 c) 4,32 d) 2,9

1010 a) x = 2,68 b) b = 19,8 c) k = 120 d) z = 8,99

1011 1 m^2 Fliesen kostet in Aktion 4,80 €. Wie viele m^2 erhältst du um 115,20 €?

1012–1018 Lösungen hinten im Schulbuch auf Seite 244.

Rechteck und Quadrat 2

1019

	Umfang u	Flächeninhalt A
Holz für Gartenzaun besorgen	x	
Malen einer Wand		x
Material für Sesselleisten kaufen	x	
Vorhangstoff kaufen		x
Papier für Plakat einkaufen		x

1020 $A_1 = 16\ cm^2$; $A_2 = 14\ cm^2$; $A_3 = 18\ cm^2$; $A_4 = 18\ cm^2$; $A_5 = 13\ cm^2$

1021 a) 12 b) 18 c) 19 d) 17 e) 6 f) 6 g) 8

1022 verschiedene Lösungen

1023 a) Fußballplatz: ha; Kleiderstoff: m^2; Wiese: m^2, a, ha; Foto: cm^2
b) Fußboden: m^2; Tintenklecks: mm^2, cm^2; Stadtgebiet: km^2; Kinderzimmer: m^2

1024 r, f, r, r, r

1025

mehrnamig	m^2		dm^2		cm^2		mm^2		Dezimalschreibweise
2 m^2 14 dm^2		2	1	4					2,14 m^2
3 m^2 7 dm^2		3		7					3,07 m^2
59 dm^2 10 cm^2			5	9	1	0			59,1 dm^2
150 mm^2						1	5	0	1,5 cm^2
25 cm^2 10 mm^2					2	5	1	0	25,1 cm^2
2 dm^2 2 cm^2				2		2			2,02 dm^2
2 005 cm^2			2	0	0	5			20,05 dm^2

1026 a) 2,05m^2; 4,5 m^2; 0,16 m^2
b) 0,15 m^2; 700 m^2; 2 500 m^2
c) 0,06 m^2; 0,254 m^2; 0,9010 m^2

1027 a) 210 dm^2; 14,45 dm^2; 6 700,09 dm^2
b) 4,07 dm^2; 50,06 dm^2; 1 602,02 dm^2

1028 a) 5040 dm^2; 9,09 cm^2; 7 405 cm^2
b) 2 510 a; 965 m^2; 56 a

1029 a) 6 ha 40 a; 4 a 56 m^2; 3 dm^2 48 cm^2; 5 m^2 70 dm^2
b) 4 ha 87 a; 80 a 20 m^2; 8 m^2 90 dm^2 20 cm^2
c) 3 m^2 20 cm^2; 3 km^2 90 ha; 24 m^2 20 dm^2; 1 ha 20 a 10 m^2
d) 10 a 2 m^2; 5 dm^2 10 mm^2; 2 cm^2 30 mm^2

1030 Die neue Wohnung ist 68,3 m^2 groß.

1031 6 ha 35 a 11 m^2

1032 c)

1033 a) 4,5 a; 0,162 a; 27,04 km^2
b) 1,354 ha; 0,245 m^2; 0,008 a
c) 7,6103 km^2; 0,9602 a; 98,72 ha

1034 a) 16 dm^2 76 cm^2 20 mm^2; 80 ha 50 a; 1 km^2 44 ha 20 a; 9 a 3 m^2 60 dm^2
b) 8 a 20 m^2; 16 a 30 m^2; 2 m^2 30 dm^2; 1 dm^2 23 cm^2 50 mm^2

1035 a) 2 ha 45 a b) 76 dm^2; c) 2 km^2 78 ha; d) 87 cm^2 10 mm^2

1036 a) 24 000 cm^2 b) 6,783 m^2 c) 753,4 a

1037 a) 35 m^2 b) 67 m^2 c) 1 m^2 d) 1 m^2

1038 a) 5 dm^2 b) 347 dm^2 c) 98 dm^2

1039 a) 2,6 ha b) 0,8 km^2 c) 45,3 a

1040 243 Teile; 1 409,4 €

1041 355,5 a

1042 a) d)

1043 125 Fliesen

1044 a)

1045 5 13 Joch = 3,09 ha

1046 Familie Sommer: 117 450 €. Herr Mayrhofer 129 895 € Herr Mayrhofer bezahlt mehr.

1047 a) Die Ziffer 8 hat den größeren Flächeninhalt b) individuell

1048 Die grauen Flecken verschwinden wieder.

1049 Mach doch endlich Pause

1050 individuell

1051 1. A = 828 cm^2; 2. A = 6,3 cm^2; 3. A = 1 222, 5 m^2; 4. A = 40,15 m^2

1052 1. A = 676 cm^2; 2. A = 15,21 dm^2; 3. A = 34,3396 m^2

1053 Das Blumenbeet hat einen Flächeninhalt von 1,575 m^2.

1054

Format	Flächeninhalt	Format	Flächeninhalt
A0	9 999,49 $cm^2 \approx$ 1 m^2	A3	1 247,4 $cm^2 \approx$ 12,5 dm^2
A1	4 995,54 $cm^2 \approx$ 50 dm^2	A4	623,7 $cm^2 \approx$ 6 dm^2
A2	2 494,8 $cm^2 \approx$ 25 dm^2		

1055

Flächeninhalt	$49\ cm^2$	$144\ m^2$	$2,25\ dm^2$	$400\ m^2$	$0,25\ m^2$

1056 b) c)

1057 Quadrat : $A = 2\,043,04\ cm^2$; Rechteck: $A = 2133\ cm^2$
Der Flächeninhalt des Rechtecks ist um $89,96\ cm^2$ größer.

1058 Die Fläche, die gestrichen wird, ist $6,66\ m^2$ groß.

1059 Grundstück: $1\,794\ m^2$; Wohnhaus: $108\ m^2$; für den Garten bleiben $1\,686\ m^2$ übrig.

1060 Bauplatz: $1\,431\ m^2$; Der Bauplatz kostet 88 722 €.

1061 Quadrat 1: $A = 2\,304 m^2$; Quadrat 2: $A = 2\,500\ m^2$; Quadrat 2 ist um $196\ m^2$ größer.

1062 a) Die Grundfläche ist $52\,900\ m^2$ groß. b) Es passen 5 Fußballfelder in diese Grundfläche.

1063 Durch den Fußweg gehen $320\ m^2$ Wiese verloren.

1064 Tischplatte: $91\ dm^2$ Klassenzimmer: $77\ m^2$ Ortsgebiet: $2,6\ km^2$ Briefmarke: $7,5\ cm^2$

1065 a) Der Flächeninhalt des Rechtecks ist $36\ cm^2$ groß.
b) Jedes Quadrat hat 3 cm Seitenlänge. Das Rechteck hat daher 3 cm und 12 cm Seitenlänge.

1066 b) ausgebreiteter Umschlag
c) Berechnung der drei Einzelseiten
d) Vorder- und Rückseite sind gleich groß, der Rücken wird extra berechnet

1067 a) (1) $A = 24 \cdot 20\ m^2 - 19 \cdot 6\ m^2 = 366\ m^2$; (2) $u = 88\ m$
b) (1) $A = 30 \cdot 14\ m^2 + 10 \cdot 3\ m^2 = 450\ m^2$; (2) $u = 108\ m$
c) (1) $A = 10 \cdot 2\ m^2 + 2 \cdot 7\ m^2 = 34\ m^2$; (2) $u = 38\ m$

1068 $A = 25 \cdot 49\ m^2 - 9 \cdot 8\ m^2 = 1\,153\ m^2$

1069 a) b)

1070 a) Der Tennisplatz hat einen Flächeninhalt von $195,6271\ m^2 \approx 196\ m^2$.
b) Der Flächeninhalt vergrößert sich dann auf $260,7569\ m^2 \approx 261\ m^2$.

1071 Zimmer : $A = 19,44\ m^2$; Holzbrettchen: $180\ cm^2$; Man braucht mindestens 1 080 Holzbrettchen.

1072 a) $A = 25 \cdot 9,5\ m^2 + 13 \cdot 16,9\ m^2 + 12,2 \cdot 8\ m^2 = 237,5\ m^2 + 219,7\ m^2 + 97,6\ m^2 = 554,8\ m^2$
b) Der Kaufpreis beträgt 41 055,2 €
c) $u = (28,4\ m + 30,5\ m) \cdot 2 = 117,8\ m$; Der Zaun kostet 376,96 €.
d) Der Zaun wird um 129,58 € teurer.

1073

a	1 cm	2 cm	3 cm	4 cm	6 cm	8 cm	12 cm	24 cm
b	24 cm	12 cm	8 cm	6 cm	4 cm	3 cm	2 cm	1 cm

1074

	u	s	A
a)	36 cm	9 cm	$81\ cm^2$
b)	8,2 m	2,05 m	$4,2025\ m^2$
c)	7,4 dm	1,85 dm	$3,4225\ dm^2$
d)	6,88 mm	1,72 mm	$2,9584\ mm^2$

1075

	$A = a \cdot b$
1	$A = 2 \cdot a \cdot b$
2	A bleibt gleich
3	A vergrößert sich um die Hälfte

1076 2 cm; 4 cm; 9 cm; 12 cm

1077 a) b) ergibt eine praktische lange Tafel c) eher quadratisch, sehr kommunikativ

1078 a) $b = 24\ cm$ b) $b = 26\ cm$ c) $y = 88\ m$ d) $s = 6,5\ dm$

1079 $b = 36\ cm$:

1080 b) $a = b = 6\ cm$; c); $A = 36\ cm^2$ (Das Quadrat ist eine Sonderform des Rechtecks.)

1081 Es gibt mehrere richtige Lösungen. zB
a) $A = z \cdot x + (a - x) \cdot x$; $u = (a + z) \cdot 2$
b) $A = d \cdot b - (d - a) \cdot (b - 2 \cdot a)$; $u = (d + b) \cdot 2 + (d - a) \cdot 2$
c) $A = g \cdot g - f \cdot f$; $u = 4 \cdot g + 4 \cdot f$

1082

	a)	b)	c)	d)	e)
white area	$18\ cm^2$	$13,5\ cm^2$	$22,5\ cm^2$	$22,5\ cm^2$	$9\ cm^2$
blue area	$18\ cm^2$	$22,5\ cm^2$	$13,5\ cm^2$	$13,5\ cm^2$	$27\ cm^2$

1083 a) gesamte Wohnfläche: 51,57 m^2
b) Kaufpreis: 97 983 €. Sie benötigen einen Bankkredit von 2 983 €.

1084 Sie haben jetzt 11,63 m^2 weniger Platz, aber dies relativiert sich, denn zu zweit benötigen sie nicht 2 Küchen oder 2 Bäder etc.

1085 Es wird 67 m^2 Wandfläche gestrichen, es werden 7 Kübel Farbe benötigt.

1086 Man braucht 9 Lackdosen.

1087 Glas 2,25 m^2; Die Materialkosten sind 117 €.

1088 a) Angebot 1: 1 m^2 Fliesen kostet 72 €; Angebot 2: 1 m^2 kostet 72,50 €; Angebot 1 ist etwas billiger.
b) Sie spart 6 €.

1089 7 Kübel Farbe ... 49,- €
9 Dosen Lack ... 64,80 €
2,25 m^2 Glas ... 117,- €
Fliesen ... 864,- oder 870,- €

1090–1096 Lösungen hinten im Schulbuch auf Seite 244.

Zeitmaße

1097 a) 720 s; 3 000 s b) 2 700 s; 5 280 s c) 1 500 s; 5 400

1098 a) 1 440 min; 660 min b) 1 080 min; 2 880 min c) 1 200 min; 3 000 min

1099 a) 7 200 s; 43 200 s b) 36 000 s; 64 800 s c) 14 400 s; 28 800 s

1100 a) 120 h; 4 320 min b) 72 h; 14 400 min c) 2 880 min; 144 h

1101 a) 24 m; 69 120 min b) 28 d; 172 800 s c) 1 095 d; 4 320 min

1102 a) 2 d; 50 d b) 0,5 d; 0,25 d c) 2 d; 365 d = 1 a

1103 Verschiedene Lösungen:
Wenn du genau 10 Jahre alt bist sind das 3 650 Tage, 5 256 000 Minuten und 315 360 000 Sekunden.

1104 a) 1 080 s b) 0,5 min c) 1,25 min

1105

a) Tage	b) Stunden	c) Minuten	d) Sekunden
30 Tage	720	43 200	2 592 000
31 Tage	744	44 640	2 678 400
28 Tage (Febr.)	672	40 320	2 419 200
29 Tage (Febr. i. Schaltjahr)	696	41 760	2 505 600

1106 a) 8 760 Stunden (8 784 im Schaltjahr) b) 525 600 Minuten (Schaltjahr: 527 040)

1107 a) 876 000 h
b) Im Normfall 25. Also 25 Jahre mit 366 Tagen (= 219 600 h) und 75 Jahre mit 365 Tagen (= 657 000 h)
Gesamt: 876 600 h

1108 nein, das wären mehr als 270 Jahre

1109 a) Zeitpunkte: 5.07; 7^{45}; 17.23; 18.10; 24^{00}
Zeitdauer: 3:24 :1; $8^{30} - 8^{45}$; 75 a; 2:12:43,5; 12 s b) individuell

1110 a) 8 h 57 min b) 14 h 7 min c) 19 min 43 s d) 6 h 32 min 3 s

1111 6 h 54 min

1112 10.55 Uhr

1113 a) 49 min b) 37 min c) 18 h 5 min d) 1 h 44 min

1114 a) 15.49 Uhr b) 17.57 Uhr c) 23.05 Uhr d) 4.39 Uhr

1115 a) 7.54 Uhr b) 0.00 Uhr c) 23.00 Uhr d) 21.33 Uhr

1116 b) d)

1117 a) 192 min b) 4 560 min c) 1 043 min d) 2 882 s

1118 a) 3 min 50 s b) 10 W 5 d c) 2 h 3 min d) 3 d 3 h

1119 a) 30 min b) 78 min c) 54 min d) 174 min

1120 a) 42 s; 738 s b) 4 320 s c) 6 060,6 s d) 828 s

1121 a) 30 min b) 20 min c) 5 min d) 15 min
e) 10 min f) 1 min

1122 a) 45 min b) 150 min c) 195 min d) 6 s e) 40 s f) 3 645 s

1123 a) Das ist nicht wirklich möglich, 20 000 000 Minuten entsprechen 38 Jahren.
b) Wenn man alle Monate mit 30 Tagen rechnet: 648 000 min.

1124 a) 1 h 36 min b) Um 16.16 Uhr c) Um 16. 32 Uhr

1125 12, 24, 60

1126 Um 16.19Uhr

1127 a) 5 h 42 min b) 2 h 15 min c) 23 h 53 min d) 56 min

1128 1: 30,61

1129 a) 14 h 16 min b) 8 h 25 min c) 12 h 12 min d) 16 h 5 min

1130 eine Zehntel Stunde sind 6 Minuten, daher sechs Zehntel Stunden = 36 min
4,6 h = 4 h 36 min

1131 a) Zwischen Unionkreuzung und WIFI
b) Um 11. 03 Uhr
c) Frau Pammer möchte nicht zu spät kommen, daher nimmt sie die Straßenbahn, die um 12.37 Uhr am Hauptbahnhof ankommt. Diese Straßenbahn fährt um 12.29 Uhr am Hauptplatz ab. 90 Minuten vorher, um 10.59 Uhr, sollte sie dort ankommen. Sie sollte daher die Straßenbahn um 10.43 Uhr bei der Universität nehmen, um pünktlich am Hauptbahnhof zu sein.

132 Die Zeiten sind die jeweiligen Abfahrtszeiten. In Behofen ist die Ankunftszeit gemeint.

Ahausen	6.00	6.35	7.10	7.45	8.20	8.55	9.30	10.05	10.40	11.15	11.50	12.25	13.00	13.35	14.10
Emberg	6.11	6.46	7.21	7.56	8.31	9.06	9.41	10.16	10.51	11.26	12.01	12.36	13.11	13.46	14.21
Wehringen	6.24	6.59	7.34	8.09	8.44	9.19	9.54	10.29	11.04	11.39	12.14	12.49	13.24	13.59	14.34
Liebach	6.49	7.24	7.59	8.34	9.09	9.44	10.19	10.54	11.29	12.04	12.39	13.14	13.49	14.24	14.59
Behofen	7.07	7.42	8.17	8.52	9.27	10.02	10.37	11.12	11.47	12.22	12.57	13.32	14.07	14.42	15.17

1133 a) b)

1134 23 h 15 min 4 s

1135 a) Die Mutter ist 30 Jahre und die Großmutter 50 Jahre alt.
b) Die Mutter ist 40 Jahre und die Großmutter 70 Jahre alt.
c) Die Mutter ist 33 Jahre und 4 Monate, die Großmutter 56 Jahre und 8 Monate.

1136 individuell , ein Tag hat 86 400 Sekunden

1137 a) einmal b) 22-mal c) zweimal

1138

Uhrzeit Österreich	0	1	2	...	6	...	10	11	...	16	17	18	...	23
Uhrzeit Japan	7	8	9	...	13	...			...		24	1	...	6
Uhrzeit Alaska	14	15	16	...	20	...	24	1	...	6			...	13

a) Frau Grießner kann ihren Bruder von 23 – 24 Uhr anrufen (dann ist es bei ihm 6 – 7 Uhr).
Dann erst wieder um 6 – 17 Uhr. (MESZ = Mitteleuropäische Sommerzeit)
Ihr Bruder kann sie von 13 – 24 Uhr und von 6 – 7 Uhr „Japanzeit" (JST – Japan Standard Time) anrufen.
b) Von Österreich kann man zwischen 6 und 10 Uhr und von 16 bis 24 Uhr anrufen (MESZ)
Von Alaska aus kann man zwischen 20 und 24 Uhr und zwischen 6 und 14 Uhr (AHST Alaska-Hawaii Standard Time) anrufen.

1139 Mary will finish her work at 3.53 p. m .

1140 d)

1141

$\frac{\text{alte Zeitangabe in h}}{24} \cdot 10$ = neue Zeitangabe	Herkömmlicher 24-Stundentag	10- Stundentag
9.30 = 9,5 h	0 Uhr	0 Uhr
$\frac{9{,}5}{24} \cdot 10 \approx 3{,}96$ h = 3 h 96 min	24 Uhr	10 Uhr
	12 Uhr	5 Uhr
	6 Uhr	2.50 Uhr
	9 Uhr	3.75 Uhr
	15 Uhr	6.25 Uhr
	18 Uhr	7.50 Uhr
	8 Uhr	3.33 Uhr
	9.30 Uhr	3.96 Uhr
	21.30 Uhr	8.96 Uhr
	14.24 Uhr	6 Uhr
	9.36 Uhr	4 Uhr

1142 a) Teile den Kreis in 10 Teile, jeder Sektor muss einen Innenwinkel von 36° haben.

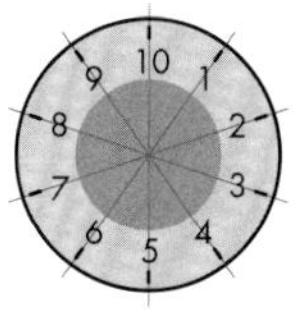

b) Von Null Uhr ausgehend müssen 217,5° im Uhrzeigersinn gemessen werden, denn 360° : 24 = 15°; 15° · 14,5 = 217,5°

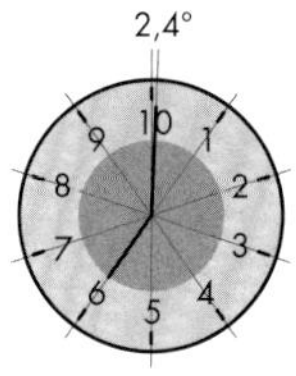

1143–1147 Lösungen hinten im Schulbuch auf Seite 244.

Maßstab

1148 10, 10, m, cm

1149 a) 500 cm; 3 500 000 cm b) 100 m; 340 m

1150 a) 3 km 700 m = 3,7 km; 125 m b) 3 km 500 m = 3,5 km; 18 m 6 dm = 18,6 m

1151 a) 370 000 cm; 490 mm b) 153 cm; 24 600 mm

1152 a) 1,5 m; 0,25 km b) 48 500 mm; 527,5 cm

1153 a) 250 cm = 2,5 m; 40 cm b) 1,5 m; 35 m c) 60 m; 12 m

1154 a) 3 mm; 7 dm b) 8 m; 1 dm c) 5 dm; 4 cm

1155 a) 400 m; 18 dm b) 40 m; 5 m c) 800 km; 60 km

1156 a) 2 cm; 5 m b) 9 m; 12 mm c) 6 mm; 3 cm

1157 a) 157,5 km b) 7 600 km c) 2 375 km d) 2 000 km

1158 5,5 cm x 3,5 cm

1159 365 km

1160 a) 7,2 cm; 5 cm b) 6,7 cm; 12 cm c) 3,1 cm; 4,8 cm

1161 6 cm x 2,8 cm

1162 a) 231 km b) 165 km c) 78 km d) 285 km

1163 5 cm x 7 cm; 4 cm x 5,6 cm

1164 a) 3 m; 15 dm; 6m; 30 m b) 200 m; 100 m; 400 m; 2 km

1165 a) 8 dm; 4 dm; 16 dm; 80 dm = 8m b) 50 m; 25 m; 100 m; 500 m

1166 251 mm Länge; 2,9 cm Breite

1167 42,9 m Länge; 33,8 m Spannweite Maßstab 1 : 72

1168 9 cm mal 3,5 cm b) denn es gilt: halber Maßstab – doppelte Länge

1169 a)

3,9 mm	19,5 dm
108 dm	5,4 km

b)

2,7 cm	270 m
15 dm	15 km

c)

4,6 cm	9,2 km
9 dm	180 km

1170 a) 16 m b) 24 cm c) 75 m d) 17 dm

1171 12,48 m²; 15,58 m²; Unterschied: 3,1 m²

1172 a) 24 dm b) 12 m c) 120 m d) 240 m

1173 a) 4 cm b) 1 cm c) 1 mm d) 2,5 mm

1174 725 km

1175 4 cm x 2 cm

1176 70 cm x 4 = 280 cm

1177

Maßstab	Länge im Plan	Länge in Wirklichkeit
a) 1 : 1 500 000	16,6 cm	249 km
b) 1 : 5 000 000	7 cm	350 km
c) 1 : 20 000 000	7,6 cm	1 520 km
d) 1 : 80 000 000	19 cm	15 200 km

1178 a) 5,4 km b) 16,2 km c) 10,8 km d) 31,5 km
Ungeübte Route a) Sportler Route d)
Im Burgenland sind kaum Hügel zu bewältigen, gut ausgebautes Radwegenetz, es werden Radfähren angeboten, die die Wege abkürzen

1179 a) 1 : 1 000 b) 1 : 50 c) 1 : 1 000 d) 1 : 2 500 000

1180 a) 3 km 150 m; 58 m b) 12 m 7 dm 5 cm; 3 cm c) 1 : 800; 34 m

1181 a) 1 : 100 000 b) 1 : 2 c) 1 : 200 000 d) 1 : 150

1182 a) 4,9 cm; 4,9 m b) 3,8 cm; 3,8 m c) 1,8 cm; 1,8 m d) 2,2 cm; 2,2 m

1183 a) 780 m b) 3 cm

1184 a) 105 km; 17 mm b) 1 350 km; 2,8 mm c) 720 km; 12 mm

1185 a) ca 900 km b) ca 400 km c) ca 1150 km d) München

1186 a)

4,2 cm	420 m
82 m	820 km
17 mm	170 m

b)

5 mm	375 m
1 m	75 km
32 mm	2,4 km

c)

14 cm	2 100 km
2 mm	30 km
2 dm	3 000 km

1187 a) 1 : 250 b) 1 : 15 000 c) 1 : 500 000 d) 1 : 1 000 000

1188 individuell

1189 Höhe der Balken: 46 mm; 100 mm

1190 a) 5 dm b) 2 dm c) 5 cm d) 1 mm

1191 $u = 172$ m; $A = 1\,256$ m^2

1192 a) 390 km; 490 km; 245 km; 150 km b) 235 km; 145 km; 40 km; 60 km

1193 Vergleiche mit dem Original

1194 a) 3,25 km sind noch zu gehen b) Mit der Durchschnittsgeschwindigkeit von 4 km/h schafft die Wandergruppe die Strecke von 3,25 km unter einer Stunde. Daher erreichen sie auf jeden Fall den Zug.
c) Getränke, Jause, Blasenpflaster, Wanderkarte, Regenschutz

1195 21,6 m; 1 : 100 oder 1 : 50 wäre ein geeigneter Maßstab, 1 : 100 hier entspricht 1 cm auf der Karte 1 m in Wirklichkeit

1196 a) Da man den Zaun nicht am Teichrand aufstellen kann. b) 35,6 m

1197 Länge: 4,55 m; Breite: 16,25 dm; Höhe: 9,76 dm

1198 $a = 5{,}2$ m; $b = 7{,}8$ m; 40,56 m^2

1199 1 : 12 500 000; Salzburg – Rhodos: 14 cm ≙ 1 750 km; Salzburg – Lissabon: 16,3 cm ≙ 2 037,5 km

1200 Route 1: ca. 2 400 sm; Route 2: ca. 1 800 sm R1: Bademöglichkeit in Griechenland

1201 Auge ca 50 cm, dh 1 cm entspricht 50 cm, der Mensch wäre etwa 180 mal 50 cm = 90 m groß

1202 a) 400 feine Haare, bzw. 83 dicke Haare b) 4 000 feine Haare, bzw. 833 dicke Haare

1203 525 km

1204 110 km

1205 verschieden

1206 Ca. 20 Minuten, denn: 8,5 cm mal 17 500 = 1 487,5 m … dividiert durch 75 ergibt etwa 20 min

1207 Hölzel-Atlas: S. 10/1 : 1 500 000, 1 : 3 000 000; S. 18/1 : 2 000 000; S. 48/1 : 12 500 000
S. 50/1 : 20 000 000; S. 54/1 : 5 000 000; S. 58/1 : 2 500 000

1208 verschiedene Lösungen

1209 verschiedene Lösungen

1210 1 : 50 000 000; 10 cm x 7 cm

1211 1,1 cm x 0,6 cm; etwa 106 mal

1212 1 : 1 500 000; 10 cm ≙ 150 km oder 1 : 600 000; 25 cm ≙ 150 km
Autobahn verläuft in Kurven, über Hügel, …

1213–1217 Lösungen hinten im Schulbuch auf Seite 245.

Proportionalitäten

1218 a) 21 b) 17,50 c) 60 d) 3
1219 30,96 €
1220 68 €
1221 180 kg
1222 152 €
1223 6; 30; 42; 60; 120
1224 96 Autos

1225

	kg	1	2	5	10	12
a)	€	1,40	2,80	7,00	14,00	16,80
b)	€	2,25	4,50	11,25	22,50	27,00
c)	€	7,00	14,00	35,00	70,00	84,00
d)	€	1,80	3,60	9,00	18,00	21,60

1226

	Liter	1	3	5	8	25
a)	€	4,00	12,00	20,00	32,00	100,00
b)	€	6,50	19,50	32,50	52,00	162,50
c)	€	0,89	2,67	4,45	7,12	22,25
d)	€	0,45	1,35	2,25	3,60	11,25

1227 1,05 €
1228 41,22 €
1229 22,50 €
1230 68 €
1231 2 304 Liter
1232 10 Äpfel + 4 Bananen + 4 Kiwi + 6 Birnen = 10,- €
1233 5,97 €
1234 1 512 €
1235 17 Liter
1236 a) 14 €, 28 € b) 115 €, 230 € c) 96 min, 192 min d) 25,50 €; 76,50 €
1237 3 870 Tonnen
1238 75 km; Bedingungen: gleiche Durchschnittsgeschwindigkeit, keine Pause
1239 3 h 18 min nur wenn die Schülerinnen und Schüler gut motiviert wurden
1240 25 kg Schnitzköpfe für Halloween
1241 770 €
1242 122 235 €
1243 Fünf einzelne Strumpfhosen kosten 9,95 €. Mit der Fünferpackung erspart man sich 2,96 €.
1244 0,53 € Großpackungen verleiten zum Kauf, werden oft nicht aufgebraucht, das Ablaufdatum wird überschritten,..
1245 Fliesengesamtbedarf: 360 Stück; sind 30 Packungen
1246 a) 441 €
b) Grundausstattung (Bad, WC, ...) ist in jeder Wohnung erforderlich, zusätzliche Räume haben einen niedrigeren m²-Preis

1247

15	6	42	36	78	102
120	48	336	288	624	816

1248 15 €
1249 336 €
1250 15 Säcke; Preis: 29,85 €
1251 a) 36 €; 6 Liter b) 108 min; 3 km c) 216 Fliesen; 7 m^2
1252 2 940 Ziegel; 59 Packungen
1253 8,60 €

1254 547,5 Liter

1255 16,50 €; 22,50 € bei 33 Teilnehmern

1256 420 €

1257 a) 28,50 €
b) Familien kommen wieder, Jugendliche sind Erwachsene von morgen, höhere Auslastung der Quartiere, Familien fühlen sich wertgeschätzt

1258 53,98 €

1259 Ja; 2,14 € Restgeld

1260 Nein, das stimmt nicht. Sie hat um 1,05 € zu wenig bezahlt

1261 Nein, er hat um 36 Cent zu wenig.

1262 2,15 € Differenz

1263 zB 4 kg Kartoffel und 200 g Bergkäse

1264 b)

1265 A: 672 €; B: 378 €; C: 574 €; D: 476 €

1266 50 Tage

1267 131,40 €

1268 192 Gläser

1269

100 g	15 dag	25 dag	½ kg	2 kg	5 kg
1,49 €	2,24 €	3,73 €	7,45 €	29,80 €	74,50 €

1270 41,25 kg

1271 3 h 20 min

1272 13 340 €

1273 50 kg; 28 Schafe

1274 Süß: 0,58 pro 100 g Fein: 0,60 pro 100 g a) und c) führen zum Vergleich

1275

1	2	3	5	10	15	25	50
2,40	4,80	7,20	12	24	36	60	120

1276

1	5	12	20	36	45	50	68
5	25	60	100	180	225	250	340

1277

1	3	7	12	28	40	66	100
1,80	5,40	12,60	21,60	50,40	72,00	118,80	180,00

1278 8 Mädchen und 16 Burschen besuchen diese Klasse
Kreisdiagramm

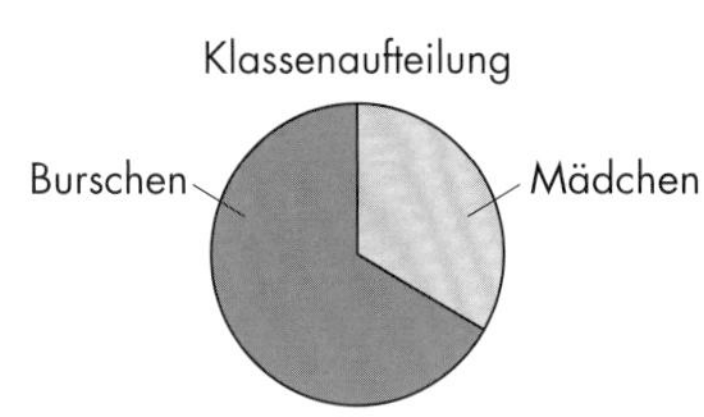

1279 KG: 33 %, MTU: 25 % Sprachen: 42 %

1280 20 eggs, 1 kg sugar, 1,5 kg flour

1281 97 920 Schläge

1282 individuell

1283 individuell
Vorteile: ruhige Lage, gute Infrastruktur, südliche Ausrichtung, …
Nachteile: Lärmbelästigung, schlechte Verkehrsanbindung, hochwassergefährdet, schattig …

1284 zB a) 14 Schritte auf 100 Meter b) 140 Schritte, 700 Schritte, 1 400 Schritte
c) 71,4 m; 714 m

1285 40 077 km : 700 = 57,25 Stunden, mit gerundeten Zahlen ca 60 Stunden

1286 a) Gerti schafft bei einer Wanderung eine Strecke von 1 km in 15 Minuten.
Wie weit geht sie in 60 Minuten und wie lange benötigt sie für 12 km? 4 km; 180 min
b) 3 Packungen Waschpulver kosten 33 Euro, Wie viel € kosten 10 Packungen und wie viele Stück erhältst du um 77 €?
110 €; 7 Stück
c) Für 5 m² benötigst du 30 Stück Fliesen. Wie viele Fliesen benötigst du für 24 m² und wie viele m² kannst du mit 90 Stück Fliesen verlegen? 144 Fliesen; 15 m²

1287–1290 Lösungen hinten im Schulbuch auf Seite 245.

Quader 1

1291 a) b) d)

1292 a) Spielwürfel, Schachtel, ev. Zuckerwürfel
b) Schachtel, Buch, Kasten
c) Tüte, Dach, Bleistiftspitze
d) Rohr, Dose, Säule

1293 a) Quader, Pyramide b) Pyramiden c) Quader, Zylinder d) Zylinder, Kegel

1294

	a)	b)	c)	d)
Ecken	8	5	0	0
Kanten	12	8	2	0
ebene Flächen	6	5	2	1
gekrümmte Flächen	0	0	1	0

Bezeichnung: a) Quader
b) Pyramide
c) Zylinder
d) Kreis

1295 a) AB, BC, BF b) EF, BF, FG c) EH, DH, GH d) AE, EF, EH

1296 a) BC b) DH c) EF d) FG

1297 a) CD, EF, GH b) AD, FG, EH c) AE, BF, DH d) BF, CG, DH

1298 a) r; r b) f; r c) r; r

1299 a) AB ⊥ BC; FG ∥ EH b) AE ∥ BF; CD ∥ GH c) BCGF ⊥ EFGH; ABCD ∥ EFGH

1300 c) e)

1301 a) und c)

1302 a)

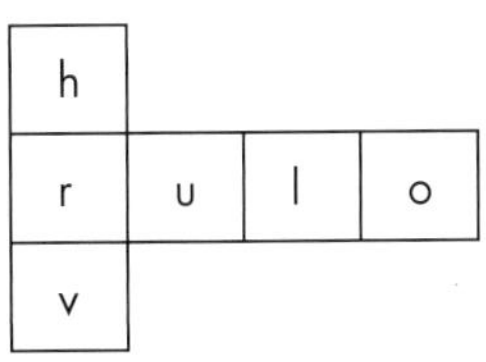

b)

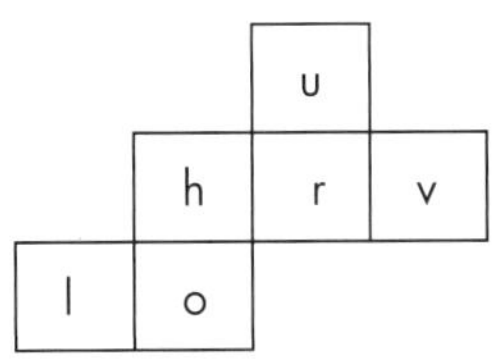

c)

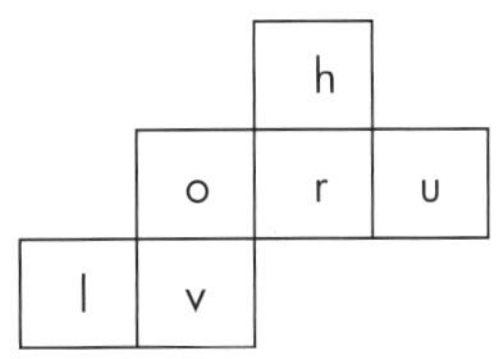

1303 verschiedene Lösungen

1304

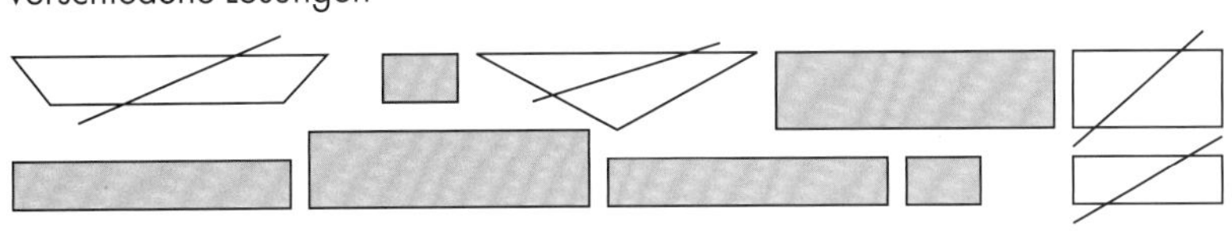

1305 a) ja b) ja c) ja

1306 Alle Kanten sind zusammen 72 cm lang.

1307 Die Kanten sind zusammen 56 cm lang.

1308 stimmt, weil ein Quader 12 Kanten hat

1309 a)

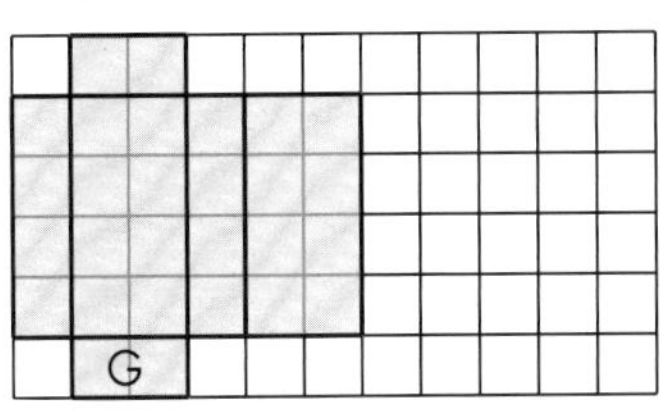

b) zB

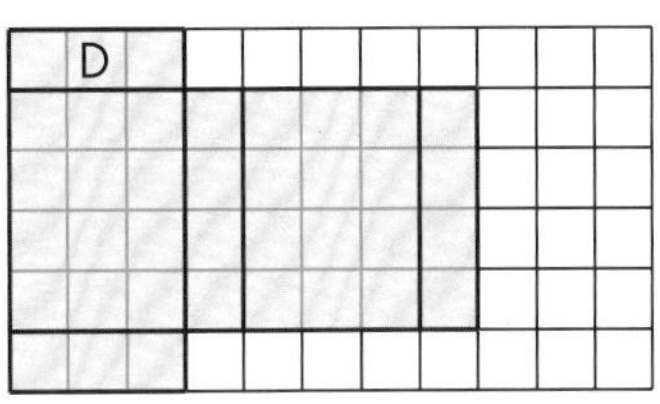

1310 verschiedene Lösungen; Zeichnungen verkleinert!

a)

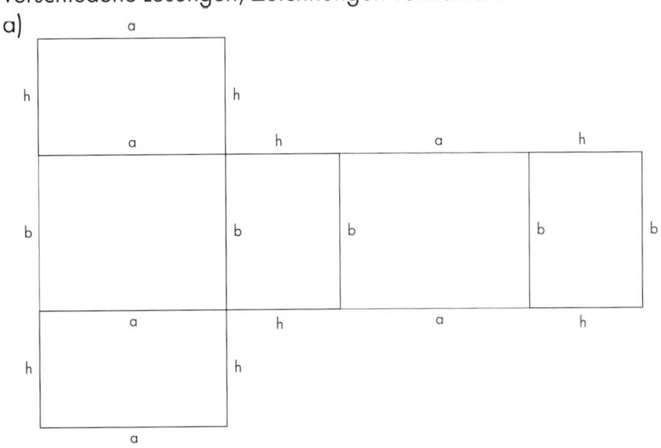

b)

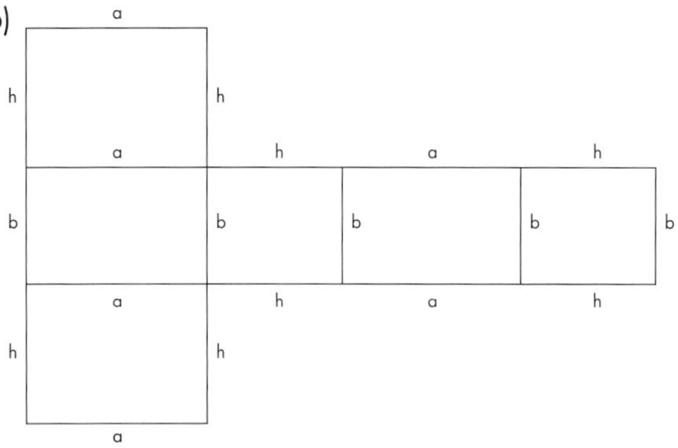

c)

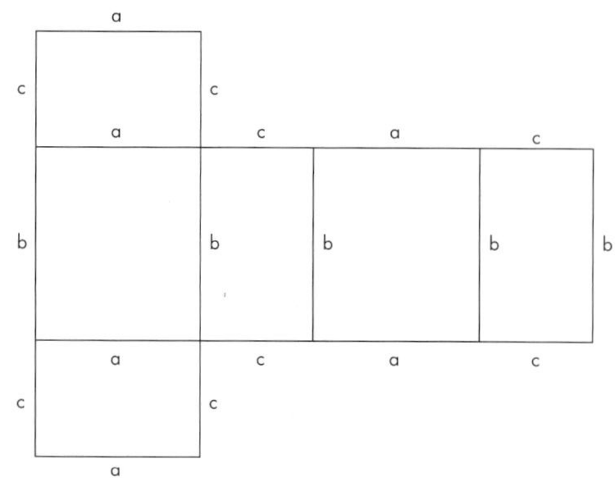

1311 a) $O = 54\ cm^2$ b) $O = 150\ cm^2$ c) $O = 600\ cm^2$ d) $O = 864\ cm^2$ e) $O = 2\,400\ cm^2$ f) $O = 6\ m^2$

1312 a) $O = 760\ cm^2$ b) $262\ cm^2$

1313 $A_1 \cdot 2 = 45 \cdot 30 \cdot 2\ mm^2 = 2\,700\ mm^2$ $A_2 \cdot 2 = 30 \cdot 70 \cdot 2\ mm^2 = 4\,200\ mm^2$
$A_3 \cdot 2 = 45 \cdot 70 \cdot 2\ mm^2 = 6\,300\ mm^2$ $O = 13\,200\ mm^2 = 132\ cm^2$

1314 Mit einem Stück Karton wird er nicht auskommen, auch wenn er die fünf Quadrate ohne Kleberand aneinanderklebt. Er braucht 3 Stück Karton im Format A3 oder er nimmt ein größeres Format.

1315 a) $O = 108\ cm^2$ b) $O = 348\ cm^2$ c) $O = 121\ cm^2$ d) $O = 120{,}52\ cm^2$

1316 a) Streichholzschachtel ohne Hülle: $O \approx 46\ cm^2$ b) Milchpackung: $O \approx 6{,}7\ dm^2$
c) Viertelkilogramm-Butter: $O \approx 2{,}6\ dm^2$

1317 Du brauchst mindestens $30\ cm^2$ Karton.

1318 a) $O = 220{,}32\ cm^2$ b) $O = 361{,}4\ cm^2$

1319 $O = 40{,}96\ dm^2$

1320 a) $O = 350\ cm^2$ b) $O = 14{,}88\ dm^2$ c) $O = 18\ m^2$ d) $O = 5\,622{,}48\ cm^2 \approx 56\ dm^2$

1321 a) b)

1322 $a = 16{,}2\ cm$; $b = 32{,}4\ cm$; $h = 5{,}4\ cm$; $O = 1\,574{,}64\ cm^2 \approx 16\ dm^2$

1323 Würfel : $O = 37{,}5\ dm^2$; Quader: $O = 43{,}2\ dm^2$; Der Quader hat die größere Oberfläche.

1324 $O = 166{,}5\ cm^2$

1325 c)

1326 Maße : 1,6 x 5,2 x 3,5 cm; Material für die Hülle: ca $53\ cm^2$; Material für die Schachtel: ca. $46\ cm^2$
Für die Herstellung einer Zündholzschachtel mit Hülle brauchst du ungefähr $1\ dm^2$ Karton.

1327 a) Die Fläche ist $42{,}84\ m^2$ groß. b) Sie braucht ca. 7,2 kg Farbe, sie muss daher 8 kg kaufen.

1328 mehrere richtige Möglichkeiten, miss nach $a = 3{,}8\ cm$; $b = 1{,}8\ cm$; $h = 12\ mm$

1329 $O = 142\ dm^2$

1330 c) d)

1331 Es werden mindestens 460 Fliesen benötigt.

1332 $O = 1\,536\ cm^2$

1333 a) $O = 2 \cdot x \cdot z + 2 \cdot x \cdot v + 2 \cdot v \cdot z$ b) $O = 2 \cdot a \cdot b + 2 \cdot b \cdot c + 2 \cdot a \cdot c$
c) $O = 2 \cdot m \cdot n + 2 \cdot m \cdot o + 2 \cdot n \cdot o$ d) $O = 2 \cdot k \cdot k + 4 \cdot k \cdot t$

1334 a) Die Oberfläche verkleinert sich auf ein Viertel. b) Die Oberfläche wird vervierfacht.
c) Die Oberfläche verkleinert sich auf $\frac{1}{16}$. d) Die Oberfläche versechzehnfacht sich.

1335 a) Die Kanten der Grundfläche sind 10 cm lang. b) Die Oberfläche beträgt $520\ cm^2$.

1336 b) c)

1337 a) $O = 242\ cm^2$ b) $O = 630\ cm^2$ c) $O = 168\ cm^2$

1338 a) Die Schachtel wird 62 cm lang und 42 cm breit sein.
b) Wenn man annimmt, dass der Deckel ca. 3 cm hoch ist, muss der Karton mindestens 68 cm lang und 48 cm breit sein.

1339 Herr Sturm braucht Fliesen für eine Fläche von ca $87\ m^2$. Er muss mindestens 1 409 Fliesen besorgen.

1340 Man braucht mindestens $3{,}28\ m^2$ Folie.

1341 1 406,44 €

1342 The size of the surface area is $\approx 38{,}7\ cm^2$.

1343 eine Kiste mit quadratischer Grundfläche ohne Deckel $O = G + M$

1344 vergleiche dein Modell mit der Skizze

1345 a) 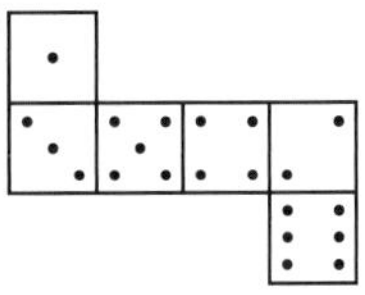 b) 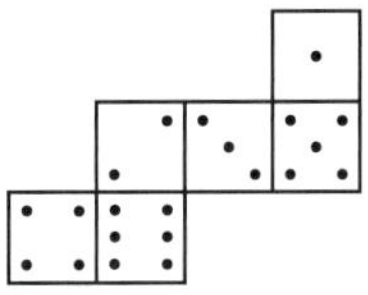

1346 a, c und d stammen vom selben Würfel

1347 A, B, E, F

1348 a)

1349 Ein kleiner Würfel ist aus einem großen ausgeschnitten
Ein kleiner Würfel ist auf 3 Seiten von einer Wand umgrenzt

1350–1355 Lösungen hinten im Schulbuch auf Seite 245.

Statistische Aufgaben

1356 0,45 kg = 450 g; 450 : 63 ≈ 7g.

1357 a) rund 2367 km

b)

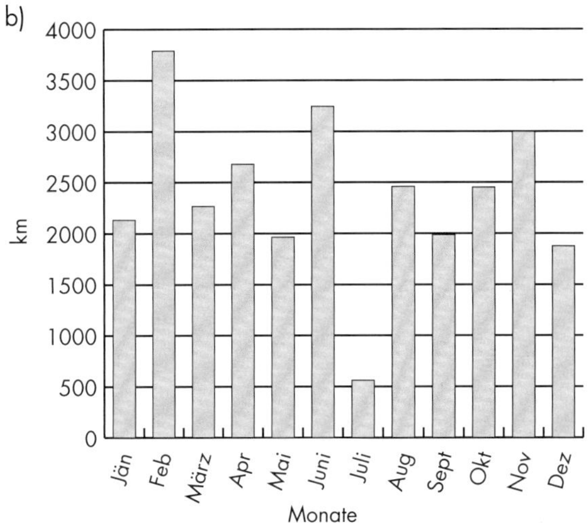

c)

J	F	M	A	M	J	J	A	S	O	N	D
233	1 422	100	311	402	878	1 806	91	380	84	631	491

1358 individuelle Lösung
a) Säulendiagramm
b) Balkendiagramm
c) Kreisdiagramm
d) Der Mittelwert sagt aus, wie viele Stunden ich im Durchschnitt pro Tag in einem Gebäude verbringe.
e) Nein, denn in der warmen und helleren Jahreszeit verbringt man mehr Zeit im Freien.

1359 a) Jahresmittelwert = 16°

b)

J	F	M	A	M	J	J	A	S	O	N	D
11°	9°	6°	1°	6°	8°	10°	12°	9°	3°	9°	12°

1360 Klasse 1: 40,36; Klasse 2: 40,66 Klasse 2 lebt auf „größerem Fuß".

1361 individuell

1362 individuell

1363 c) 200 ist größer als der größte, 10 kleiner als der kleinste Wert, 99 und 13 liegen zu nahe an den Randwerten, somit bleibt 45 als Mittelwert übrig.

1364 a) ≈18,3 °C

b)

Wi	Ei	St. P.	Li	Sa	In	Br	Gr	Kl	So	Fe	Vi
4,8°	5,7°	2,6°	3,8°	0,3°	0,4°	0,4°	8,1°	4,3°	14,9°	7,4°	7,3°

1365 verschiedene Lösungen

1366 61

1367 29

1368 a) 57,6 km

b)

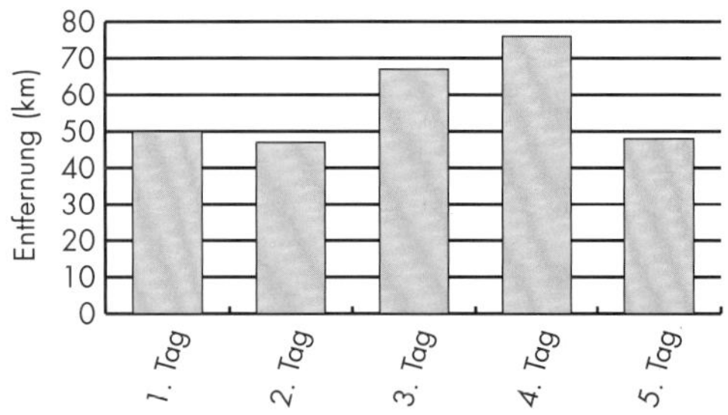

c) 3 h 19 min 24 s

d)

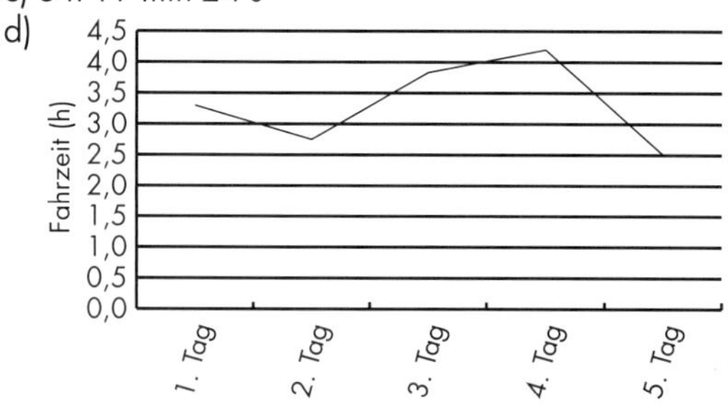

e)

1. Tag	2. Tag	3. Tag	4. Tag	5. Tag
15 km/h	17 km/h	17,5 km/h	18 km/h	19,2 km/h

f) 17, 3 km/h

1369 Es gibt mehrere Möglichkeiten, zB 12, 14 und 4.

1370 19 bzw. 17,67; Man erhält nicht dasselbe Ergebnis.

1371 rote Linie … wöchentlicher Mittelwert
Weiße Flächen … Abweichung vom Mittelwert

1372–1376 Lösungen hinten im Schulbuch auf Seite 245.

Quader 2

1377 Bei der Oberfläche handelt es sich immer um einen Flächeninhalt, beim Volumen um einen Rauminhalt

1378

Tätigkeit	O	V
Sand in eine Kiste füllen		X
ein Buch mit Folie bekleben	X	
Wasser in einen Kübel schütten		X

Tätigkeit	O	V
ein Zimmer ausmalen	X	
Milch in eine Flasche leeren		X
Luft in einen Ballon pumpen		X

1379

	m^3			dm^3			cm^3			mm^3			
a)			4	2	4	0							4 240 dm^3
b)					2	7	0	3	5				27,035 dm^3
c)									3	4	0	0	3 400 mm^3
d)						5	7	8					5 780 cm^3

1380 a) 245 000 dm^3; 15 000 cm^3; 53 000 mm^3
b) 35 000 mm^3; 204 000 dm^3; 77 000 cm^3
c) 65 000 mm^3; 203 000 cm^3; 22 000 dm^3

1381 a) 4 360 mm^3; 4 600 mm^3; 500 dm^3
b) 35 834 dm^3; 2 560 cm^3; 200 400 mm^3
c) 4 700 cm^3; 9 450 mm^3; 40 dm^3

1382 a) 34 l; 250 l; 7 l
b) 5,6 l; 0,5 l; 20,2 l
c) 3 000 l; 77 000 l, 3 500 l
d) 2 500 l; 620 l; 30 l

1383 a) 0,467 dm^3; 2,042 cm^3
b) 3,67 m^3; 0,303 dm^3
c) 0,0453 dm^3; 0,2003 cm^3
d) 0,02303 m^3; 0,2645 cm^3

1384 a) 4 m^3 579 dm^3; 20 dm^3 370 cm^3
b) 20 dm^3 820 cm^3; 230 cm^3 560 mm^3
c) 250 m^3 500 dm^3; 9 dm^3 800 cm^3
d) 902 cm^3 300 mm^3; 2 cm^3 50 mm^3

1385 a) 400 l; 350 l b) 24 dm^3; 0,5 dm^3 c) 40 l; 3l d) 4 000 l; 20 hl

1386 Tank mit 55 l Benzin – 2 000 cm^3 Luft – Kübel mit 5 dm^3 Wasser – Mineralwasser mit 0,75 l
Begründung: 2 000 cm^3 Luft = 2 dm^3 = 2 l
5 dm^3 Wasser = 5 l 55 l > 5 l > 2 l > 0,75 l

1387 a) 250 cm^3 < 2 dm^3 50 cm^3 < 2,5 dm^3 < 25 000 cm^3
b) 4 600 dm^3 < 6,45 m^3 < 46,45 m^3 < 64 m^3

1388 a) 12 b) 18 c) 17 d) 16

1389 Quader 1: V = 40 m^3; Quader 2: V = 80 m^3
Das Volumen von Quader 2 ist doppelt so groß wie von Quader 1.

1390 a) V = 2 808 cm^3 b) V = 1 800 cm^3 c) V = 2 880 cm^3 d) 4 200 cm^3
In Schachtel d) passen die meisten Nüsse.

1391 a) V = 58,24 cm^3 b) V = 4,8 m^3 c) V = 23 814 m^3 d) V = 17,424 dm^3

1392 a) V = 42,875 cm^3 b) V = 238,328 m^3 c) V = 704,969 dm^3 d) 1,331 m^3

1393 V = 15 625 dm^3 Ja, der Tank fasst 15 625 l.

1394 1) 8 cm^3 2) 1 000 cm^3 3) 125 cm^3 4) 512 dm^3 5) 1 m^3 6) 27 m^3

1395 1) 6 cm^3 2) 60 dm^3 3) 240 cm^3 4) 126 mm^3 5) 64 cm^3 6) 1 000 m^3

1396 Körper a: 33 Quadrate, Körper b: 39 Quadrate

1397 a) 0,208 dm^3; 0,046 dm^3; 0,55 m^3 b) 0,0505 m^3; 0,2004 dm^3; 0,0073 cm^3
c) 3,034 m^3; 20 004 cm^3; 5,005 cm^3

1398 a) 32 b) 35 c) 44 d) 34

1399 a) V = 64 cm^3 b) V = 156 cm^3 c) V = 21 cm^3 d) V = 136,4 cm^3

1400 a) V = 31,5 cm^3 b) V = 15 240,96 dm^3 c) V = 54 130,5 m^3 d) V = 35,464 cm^3

1401 a) 15-mal b) 1 800 l

1402 202,16 m^3

1403 30 l

1404 1,6848 kg

1405 Kiefer: 200 cm^3; Glas: 40 cm^3; 12,5 cm^3 10 dag = 100 g; 100 wird durch die Massenangabe dividiert.

1406 21 m^3

1407 V = 857,5 dm^3

1408 a) V wird verdreifacht b) V wird halbiert c) V wird verachtfacht

1409 V = 72 Liter; a) Anna benötigt 3 Säcke Erde

1410 32 cm^3

1411 $8\frac{1}{3}$ Tage

1412 a) 480 mm^3 < 48 cm^3; 600 dm^3 < 620 l; 7,5 l > 7,5 dl
b) 300 cm^3 < 3 l; 720 ml > 0,5 l; 25 cl > 25 ml
c) 3 hl < 2 m^3; 4 m^3 > 400 l; 24 dl > 2 l

1413 c)

1414 a) V = 280 m^3 b) V = 84 m^3 c) V = 378 m^3 d) V = 3 062,5 m^3

1415 a) $V = x \cdot y \cdot z$ b) $V = a \cdot b \cdot c + a \cdot a \cdot a$ c) $V = 2 \cdot n \cdot p \cdot m + n \cdot p \cdot m$

1416 a) V = 500 cm^3 b) V = 250 cm^3 c) V = 500 cm^3

1417 a) V ≈ 10 828 cm^3; O = 2 987,5 cm^2 b) 90 cm x 57,5 cm

1418 561,6 kg

1419 d) 64 Würfel

1420 0,075 l = 75 ml

1421 a) b)

1422 V = 28,8 m^3 = 288 hl; Dauer 4 h 48 min; Nein, das Becken ist erst um 18.48 Uhr voll.

1423 30,24 l

1424 a) h = 10 m b) h = 6 m

1425 a) h = 10 cm b) h = 34 cm c) h = 3,6 dm d) h = 1,7 m e) 2,5 m

1426 ca. 161,3 m

1427 45 cm

1428 170 l

1429 b = 4,5 cm; O = 134,98 cm^2

1430 3 180 litres

1431 a)

1432 individuell **1433** individuell **1434** individuell

1435 a) 1) 20 2) 35 3) 54 4) 40 5) 53 6) 58
b) 1) 56 2) 86 3) 108 4) 104 5) 174 6) 100

1436 a) 1 b) 6 c) 8 d) nein

1437–1443 Lösungen hinten im Schulbuch auf Seite 245.